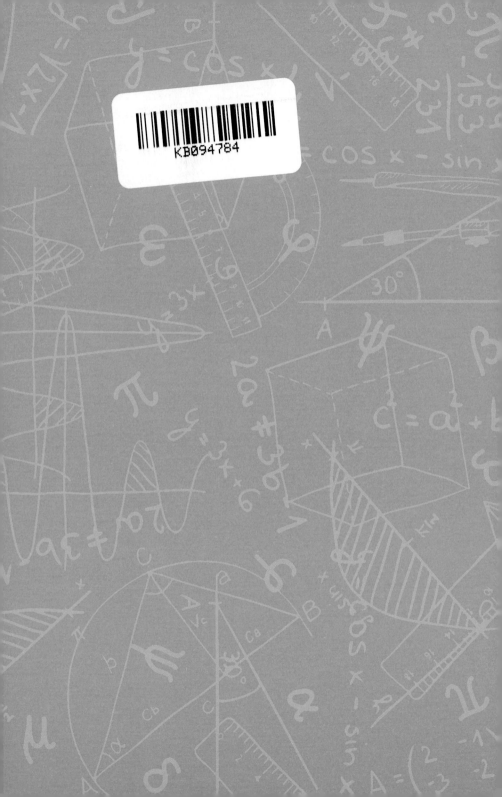

재밌어서 밤새읽는

수학
이야기

재밌어서 밤새읽는 수학 이야기

1판 1쇄 발행 2013년 4월 5일
1판 18쇄 발행 2023년 6월 18일

지은이 사쿠라이 스스무
옮긴이 조미량
감수 계영희

발행인 김기중
주간 신선영
편집 민성원, 백수연
마케팅 김신정, 김보미
경영지원 홍운선

펴낸곳 도서출판 더숲
주소 서울시 마포구 동교로 43-1 (04018)
전화 02-3141-8301
팩스 02-3141-8303
이메일 info@theforestbook.co.kr
페이스북·인스타그램 @theforestbook
출판신고 2009년 3월 30일 제2009-000062호

ISBN 978-89-94418-53-7 03410

재밌어서 밤새읽는

수학 이야기

사쿠라이 스스무 지음 · 조미량 옮김 · 계영희 감수

더숲

수학을 모르는 사람은

자연의 진정한 아름다움을 알 수 없다.

−리처드 파인만(미국 물리학자, 노벨 물리학상 수상)

이퀄(=)이라는 철도를 달리는 신나는 수학여행

'평면 지도의 서로 인접한 나라를 구분하기 위해 몇 가지 색깔이 필요할까?' 답은 이 지도를 구분하는 데는 4가지 색이면 충분하다는 것이다. 이것을 '4색 문제'라고 하는데, 19세기경에 출제된 이래 많은 수학자가 풀려고 노력했으나 해결되지 않다가 1976년에 볼프강 하켄(Wolfgan Haken), 케네스 아펠(Kenneth Appel)이 풀어내어 유명해진 문제다.

수학에는 이처럼 누구나 이해할 수 있음에도 푸는 데 시간이 걸리는 문제가 많다. 어릴 때 즐겨 하던 지도 색칠 놀이에 이렇게 어려운 문제가 숨어 있다고는 꿈에도 생각지 못했을 것이다.

'4색 문제'와 같이 수학의 재미는 여러 곳에 숨어 있다. 교과서를 덮고 칠판이 있는 교실을 떠나야만 보이는 수학의 풍경이 있다.

$\sqrt{}$는 벚꽃 잎에, 인수분해는 신용카드에, 그리고 무한은 원 안에 감춰져 있다.

생각지 못했던 곳에서 수는 아름다움을 표현하고 조화로운 멜로디를 연주한다. 마치 들판에 핀 아름다운 꽃처럼.

수가 연출하는 우아한 춤과 그에 맞춰 흐르는 아름다운 선율은 한 번만 느껴도 금세 포로가 된다. 수학자는 이미 포로가 된 사람이다. 다른 것은 다 잊고 몰두할 정도로 매혹적인 수학의 세계를 들여다보고 싶지 않은가?

수학에는 교과서에는 나오지 않는 경이로운 이야기가 있다. 자주 접하는 풍경에 감춰졌던 수학이, 하나하나 발견되는 역사와 수학자의 도전이 바로 그것이다. 이를 하나씩 알아가다보면 흥분으로 두근거리는 마음을 주체할 수 없게 된다.

정말로 '재밌어서 밤새 읽는 수학'과 만나게 되는 것이다.

바로 이런 이유로 수학자는 밤에 잠 못 이루며 연구한다. 게다가 자신의 일생만으로는 부족해서 수식이라는 바통을 후세의 수학자에게 전달할 때까지 탐구를 멈추지 않는다.

수학은 여행.

이퀄(등호, =)이라는 레일을 수학이라는 열차가 달린다.

이것이 수학에 대한 나의 이미지다. 수는 계속 기다리고 있다. 수학자는 긴 시간에 걸쳐 그들에게 도달한다.

계산은 열차여행 그 자체다. 이퀄은 두 개의 레일이며, 수와 수식이 레일로 이어져 간다. 레일은 일단 깔린 후에는 누구나 달릴 수 있으며 결코 녹슬지 않는 영원한 생명력을 지닌다.

이 책에는 고르고 고른 수학의 풍경이 담겨 있다. 나는 열차여행을 좋아한다. 창문으로 들어오는 바람을 느끼면서 바라보는 풍경이 매우 좋다. 계산 여행을 떠나기 위해 준비해야 할 것은 수를 소중히 여기는 마음뿐이다. 그것만 있으면 언제 어디에 있어도 내가 여러분을 수학의 여행으로 이끌 수 있다.

이 여행을 마친 후에 여러분의 마음속에 비친 수학의 풍경은 어떤 모습일까? 행선지를 알리지 않은 불가사의한 열차여행을 시작하려 한다. 여러분이 안전하고 쾌적하게 즐길 수 있도록 친절히 안내할 것이다.

부모와 아이가 함께 읽는
재밌는 수학 안내서

끊임없이 매스컴에 오르내리는 '학교폭력', '왕따', '자살'의 단어
는 우리 사회가 심한 병을 앓고 있으며 그 곳에서 우리 아이들은
신음소리를 내면서 자라고 있다는 증거다. 학교생활이 조금도 행
복하지 않고 즐겁지 않은 부적응의 요인은 여러 가지가 있지만,
교과목에서는 단연 수학이 원인제공의 큰 비중을 차지하고 있음
을 부인할 수 없다. 수학이 재미없고, 어려운데 해야만 하고, 수학
성적이 기대치에 못 미치니까 스트레스를 받고, 그러니까 학교생
활이 재미없고, 도망치고 싶은 생각으로 우리 아이들은 강박관념
에 시달리며 드디어는 그 곳에서 탈출하던가, 치밀어 오르는 분

노를 조절하지 못해 남을 괴롭히는 일탈 행위를 태연히 자행하고 있는 실정이다. 우리 아이들 모두 피해자요 가해자인 셈이다.

OECD국가를 포함하여 40여 개국 학생들의 국제학업성취도 평가인 2011년 PISA(Program for International Student Assessment)에서 우리나라 청소년들이 1위, 핀란드가 2위를 기록했다. 그러나 문제는 우리 아이들이 수학공부의 목적을 인식하지 못한 채, 그저 대학진학에 필요한 높은 수능점수만을 목표로 삼고 있는데 반해, 핀란드의 아이들은 수학도 자기 자신을 위한 삶을 살아가는 필요한 지식이란 확고한 의식을 가지고 있다는 점이다. 우리는 왜 수학을 즐겁게 가르치고 재밌게 배우지 못하고 있을까? 오로지 입시를 위한 수단이요 도구로만 생각해온 결과, PISA에서 '수학'과 '문제해결력'에서는 매우 우수하지만 학습의 동기와 태도는 심각한 수준이다. 심지어 우수한 학생들조차 자기 자신이 수학을 잘 못한다고 생각하며 수학을 어렵게 느끼고 있다고 조사되고 있다. 즉 우리 아이들은 수학에 대한 효능감이 매우 낮다.

그러나 미국 학생들은 수학성적이 낮음에도 불구하고 자기 스스로 잘 하는 사람으로 여기며 자존감이 높은 것으로 나타난다. 그 동안 우리 사회가 수학을 여유롭게 즐기면서 가르치고 배우지 못하고, 상급학교 진학을 위한 경쟁의 도구와 수단으로만 생각하면서 두려움과 강박증에 시달렸기 때문이다. 말하자면 우리 사회가 문화로서의 수학, 기초학문으로서의 수학, 삶에 필요한 실용적인 수학이라는 의식이 없었기 때문이다.

드디어 교과부에서는 2013년 처음으로 스토리텔링을 도입한 초등학교와 중학교 수학교과서를 내놓게 되었다. 획기적인 처방이다. 지금 수학교육관련학회에서는 수학을 역사, 예술, 과학, 스포츠와 접목하는 연구가 한창 진행 중이다. 스토리텔링을 도입한 목적은 무엇보다도 수학 공부의 목적을 알게 하고, 흥미를 이끌어내고 수학공부의 동기를 부여하고자 함이다. 우리 아이들은 초등학교 고학년이 되면 벌써 '수포자(수학을 포기한자)'가 된다고 한다. 문장제 문제가 나오는 시기에 1차 수포자가 발생하고, 문자가 도입되는 중학교 시기에 2차가 발생하고, 또 이과와 문과를 가르는 고등학교 시기가 되면 문과생 중에 많은 수가 수포자와 수학 혐오증 환자가 되어 버린다.

이 책은 수학교과서에 등장하는 문자의 읽는 법부터 차례차례 친절하게 설명하면서 수학의 재미와 아름다움을 전달하고 있다. 최근 국가적인 이슈가 되었던 사이버 테러에서 실감했던 인터넷 보안문제를 인수분해를 가지고 쉽게 설명하여 학생들의 흥미를 이끌고, 신용카드 회원번호의 비밀의 원리, 물건을 사고 거스름돈을 받았을 때 재빨리 확인하는 암산법, 복사용지의 비밀과 단위법의 유래, 내비게이션의 원리, 천재 수학자들의 유명한 정리,

나아가 무한을 향해 질주하는 인간이 만든 거대한 수, '그레이엄 수'까지 소개하고 있다. 읽다보면 자기도 모르는 사이에 수학이라는 작은 산의 정상 위에 우뚝 올라선 성취감을 맛보게 된다.

이 책이 학부모에게는 과거에 못 누렸던 교양으로의 수학을 누리면서 자녀와 소통의 도구가 되기를 바라고, 아이들은 못 배우는 높은 수준의 수학도 자연스레 익힐 수 있는 탐구의 기회가 되기를 바라면서 감수를 했다. 학부모와 아이가 함께 읽을 수 있는 재밌는 수학의 안내서를 만나게 될 것이다.

계영희(고신대학교 유아교육과 교수, 한국수학교육학회 이사)

차례

밤 새워 읽고 싶어지는 수학

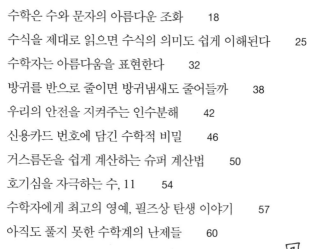

일상에 숨겨진 수학을 찾아라

3장 아름답고 로맨틱한 수학의 세계

1장

밤 새워 읽고
싶어지는 수학

수학은 수와 문자의 아름다운 조화

수학 문자 쓰는 법은 수업 시간에 배우지 않는다?

수는 언어다.

학생들의 노트를 들여다보면서 항상 느끼는 것이 있다.

그것은 바로 수식에 사용되는 그리스 문자 'β(베타)'를 정확히 쓸 수 있는 학생이 드물다는 사실이다. 실제로 상당수의 학생이 'β'를 쓸 때 한자의 부수 중 하나인 'ß'을 그린다.

그 결과 '阿部(아베: 일본 이름)'를 쓸 때 두 번이나 잘못된 베타를 쓰게 된다. 나는 이렇게 틀린 베타를 '아베 베타', 생략해서 '아베타'라고 부르는데 매년 '阿部'의 'ß'를 베타로 쓰는 학생이 눈에 띌 때마다 지적하고 있다.

그럼 학교에서는 어떻게 지도할까? 중·고등학교 수학에는 분명 그리스 문자가 등장하지만 정작 '그리스 문자 쓰는 방법'을 설명한다는 이야기는 들어본 적이 없다. 나도 학교에서 수학 문자에 대한 강의를 받은 경험이 없다.

중·고등학교 수학문제에 등장하는 그리스 문자는 'α' 'β' 'γ' 'θ' 'π' 'ω' 'Σ' 등이 있다.

그리스 문자는 대문자와 소문자를 합쳐서 모두 48개인데, 그중 7분의 1이 수학에 나온다. 지금까지 배운 적이 없는 그리스 문자가 수학 교과서에 등장하는데도 아무런 설명이 없으니 학생은 공책에 필기할 때 어떻게 쓰면 좋을지 고민하면서 칠판의 글자를 따라 그릴 수밖에 없다. 이렇게 해서 '아베타'가 등장하게 되는 것이다.

이 때문에 나는 수업 중에 시간이 있을 때마다 그리스 문자를 비롯한 수학에 사용되는 특수문자를 설명하고 있다.

문자를 쓴다는 것은 학문으로 들어가는 첫걸음이다. 우리는 문자를 쓰는 작업을 통해 새로운 세계로 들어간다. 특히 수학은 그중에서도 상당히 많은 문자를 사용하는 학문이다. 로마자, 그리스 문자, 아라비아 수, 로마 수에 각각의 대문자와 소문자 그리고 이탤릭체(기울어진 서체)까지 있다.

이뿐만 아니라 히브리 문자와 각종 수 기호까지, 도대체 수학에는 몇 가지 문자와 기호가 필요한 것일까?

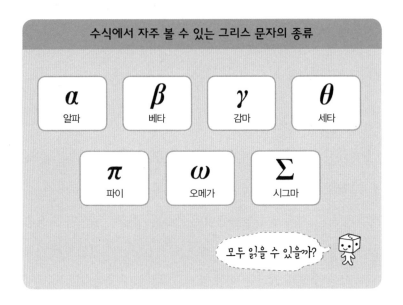

수식에서 자주 볼 수 있는 그리스 문자의 종류

α 알파 β 베타 γ 감마 θ 세타

π 파이 ω 오메가 Σ 시그마

모두 읽을 수 있을까?

사과나 귤이 'x'가 되는 불가사의한 수학의 세계

수학은 개념이나 대상을 추상화한다. 사과나 귤의 개수를 'x'로 표시해 'x+y=z'와 같은 방정식을 만들어내는 것이다. 따라서 방정식을 풀 때는 사과나 귤은 잠시 잊고 문자와 기호를 조작한다. 이를 계산이라고 부른다.

계산의 세계에는 문자와 기호가 주된 역할을 한다. 계산하는 사람은 문자와 기호를 통해 보이지 않는 세계와 대화를 나눈다.

여기서 보이지 않는 세계란 문자와 기호가 나타내는 개념이며, 그 개념 사이의 관계성이다.

피타고라스의 정리 '$a^2 + b^2 = c^2$'은 기하학 세계(직각삼각형)의 변과 변의 관계를 나타낸다. 대수의 세계와 기하의 세계를 연결하는 공식이다.

나는 대학교 때 수론을 공부하며 '제타(ζ) 함수'를 처음 접했다. 수업 중에 열심히 계산했지만 마음처럼 잘 풀리지 않았다. ζ를 제대로 쓸 수 없었기 때문이다. 그래서 수업이 끝나고 아무도 없는 교실에서 칠판에 'ζ'를 크게 써봤다.

여러 번 쓰다 보니 점점 예쁘게 'ζ'를 쓸 수 있었다. 그러자 귀찮은 계산도 술술 풀리는 것이 아닌가.

아름다운 수학에는 아름다운 문자가 어울린다

나는 'ζ'에 대해 알게 되면서 왜 문자를 잘 써야 하는지 이해하게 되었다. '쓰는 즐거움'을 알게 된 것이다. 그리고 그와 동시에 한 가지 깨달은 사실이 있다.

바로 '아름다운 수에는 아름다운 문자가 어울린다.'라는 점이다. 그리스 문자에는 말로 설명할 수 없는 곡선의 아름다움이 담겨 있다.

로마자, 그리스 문자는 획수가 적어 쓰기 편하다. 특히 그리스 문자의 소문자 중 대부분은 한 획으로 쓸 수 있다. 이렇듯 수학자들은 예로부터 곡선미와 기능미라는 두 가지 아름다움을 갖춘 문자를 즐겨 사용했다.

그리고 수학에는 다른 학문에는 없는 큰 특징이 있다. 그것은 바로 시대를 초월한 보편성이다. 예를 들어 '피타고라스의 정리'는 지금으로부터 2,500년 전에 증명되었지만 현재에도 계속 쓰이고 있다.

어디 그뿐인가. 이 '피타고라스의 정리'를 이용하여 수많은 정리가 생겨났다. 피타고라스는 그리스 문자를 사용했으니 우리는 이 문자를 배움으로써 간접적으로 피타고라스와 만나는 셈이다. 이것도 '쓰는 즐거움'이라 할 수 있다.

그리스 문자도 쓰는 순서가 중요하다

우리는 어릴 때부터 우리 고유의 문자를 배우면서 쓰는 즐거움과 문자의 아름다움을 깨닫는다. 그리고 이때 왜 문자를 쓰는 순서가 중요한지도 이해한다.

그리스 문자도 쓰는 순서를 지켜야 아름다운 형태로 완성할 수 있다. 예를 들어 'β'는 왼쪽 아래부터 위로 한 번에 쓰면 예쁜 모양이 된다. 나는 학생들에게 그리스 문자 쓰는 법을 가르치면서 이렇게 말한다.

"마음을 담아 문자를 써라. 마음을 담아 계산해라. 꼭 아름다운 문자로."

이렇듯 문자를 소중히 하는 마음은 언어를 자신의 것으로 만드는 첫걸음이다. 수학도 언어다. 따라서 수학에 사용되는 문자도 마땅히 소중히 해야 할 것이다.

화살표를 참고해 문자를 따라 써보자.

한눈에 보는 그리스 문자표

대문자	소문자	읽는방법	영어표기
A	α	알파	alpha
B	β	베타	beta
Γ	γ	감마	gamma
Δ	δ	델타	delta
E	ε	엡실론	epsilon
Z	ζ	제타	zeta
H	η	에타	eta
Θ	θ	세타	theta
I	ι	이오타	iota
K	κ	카파	kappa
Λ	λ	람다	lambda
M	μ	뮤	mu
N	ν	뉴	nu
Ξ	ξ	크시	xi
O	o	오미크론	omicron
Π	π	파이	pi
P	ρ	로우	rho
Σ	σ	시그마	sigma
T	τ	타우	tau
Y	υ	웁실론	upsilon
Φ	ϕ	파이	phi
X	χ	카이	chi
Ψ	ψ	프사이	psi
Ω	ω	오메가	omega

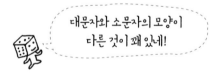

대문자와 소문자의 모양이
다른 것이 꽤 있네!

읽을 수 있을 것 같은데 읽지 못하는 수식

여러분은 수식을 술술 읽을 수 있는가?

나도 읽는 방법을 모르는 수식을 접하고 당황한 적이 여러 번 있다. 사실 우리말로 수식을 읽으려고 해도 정해지지 않은 부분이 많아 곤란하다. 이것은 많은 사람이 수학을 멀리하는 이유 중 하나이기도 하다. 구체적인 예와 함께 문제점을 살펴보자.

수식 읽는 법 ❶ 문제투성이인 법		
▶ 수식		'$x+y=z$'
▶ 우리말로 읽는 일반적으로 방법		'엑스 플러스 와이 이퀄 제트'
▶ 영어로 읽는 방법		'x plus y equals z.'

우리말로 의미를 알기 쉽게 읽으면 '엑스 더하기 와이는 제트'
다. 영어로는 '엑스 플러스 와이 이퀄즈 제트'가 된다. 수학 교과
서에는 수식을 읽는 방법이 실려 있지 않아 선생님이 각자 판단
해 아이들을 가르친다.

더욱 간단한 예를 살펴보자.

수식 읽는 법 문제투성이인 ❷	▶ 수식	'$a=b$'
	▶ 우리말로 읽는 일반적인 방법	'에이 이퀄 비'
	▶ 영어로 읽는 방법	'a equals b.' 'a is equals to b.'

영어의 두 번째 읽는 방법에 주목하자. 주어인 'a'가 'b'와 같다
는 관계성을 'to'로 나타낸다. 좌변('a')과 우변('b')의 차이가 확
실한 것이다. 반면 우리말로 읽는 방법은 그 관계성이 애매하다.

수식 읽는 법 문제투성이인 ❸	▶ 수식	'$y' = \dfrac{dy}{dx}$'
	▶ 우리말로 읽는 일반적인 방법	'와이 대시 이퀄 디엑스분의 디와이'
	▶ 영어로 읽는 방법	'y prime equals dy dx.'

이처럼 우리말로 읽는 방법은 이퀄의 발음 이외에 틀린 부분
이 있다. '′'를 '대시'라고 읽는 것은 적절치 않다. 많은 나라에서
이것을 'prime(프라임)'이라고 읽는다. 대시는 국제적으로 기호
'-'를 나타낸다. '″'는 '투 대시'가 아니라 'double prime(더블 프

라임)'이다.

그럼에도 미분의 수식을 '분수'를 읽듯 읽어서 더욱 알아듣기 어렵다.

문제투성이인 수식 읽는 법 ④	▶ 수식	'nCr'
	▶ 우리말로 읽는 일반적인 방법	**'엔 씨 알'**
	▶ 영어로 읽는 방법	'the combinations of n taken r' 'the combinations n r'

이는 조합을 나타내는 수식으로, 우리말로 읽는 방법은 모호하다. 'C'가 무엇을 나타내는지 알 수 없기 때문이다. 반면 영어로는 'C'가 'combination(조합)'의 약자라는 것을 확실히 알 수 있다. 이것만 보아도 수학 기호의 발음 규칙이 명확히 정해져 있지 않았다는 사실이 드러난다. 영어와 우리말을 마음대로 섞어 읽기 때문에 정확한 의미를 알 수 없는 것이다.

문제투성이인 수식 읽는 법 ⑤	▶ 수식	'Ak'
	▶ 우리말로 읽는 일반적인 방법	**'에이 케이'**
	▶ 영어로 읽는 방법	'Capital A sub k'

우리말의 '에이 케이'는 매우 모호하다. 그냥 옆의 'k'를 그대로 읽을 뿐이다. 그러니 발음만 들으면 'ak' 'AK' 'A(K)' 'ak' 'Ak' 와 같이 여러 단어가 떠오를 수밖에 없다. 이래서야 학생들로서

는 혼란스럽기만 할 것이다. 반면 영어로 읽는 방법은 수식과 정확히 일치한다.

수식 읽는 법 문제투성이인 ❻	▶ 수식	'$a > b$'
	▶ 우리말로 읽는 일반적인 방법	'에이는 비보다 크다'
	▶ 영어로 읽는 방법	'a is greater than b.'

이는 수업에서 학생들이 가장 못 읽는 수학 문자다. 심지어 '크다'라는 우리말도 정확하지 않다. 다음 예는 학생들이 수학 문자 읽는 법을 얼마나 모르고 있는지 여실히 보여준다.

수식 읽는 법 문제투성이인 ❼	▶ 수식	'$a \leq b$'
	▶ 우리말로 읽는 일반적인 방법	'에이는 비보다 작거나 같다'
	▶ 영어로 읽는 방법	'a is less than or equal to b.'

이 예야말로 영어로 읽는 방법의 장점을 가장 잘 알 수 있다.

'less than'은 기호 '$\leq$'의 '$<$'가 'less than → 보다 작다'라는 의미를 가지고 'equal'은 기호 '$\leq$'의 '$=$'가 'equal → 같다'라는 의미를 가진다. 즉, 'a는 b와 같거나 작다'라는 관계성을 나타내는 기호라는 것을 알려준다.

반면 '$\leq$'가 '$<$ 또는 $=$'라는 것을 알려줘야만 비로소 이해하는 학생이 많다. 이는 읽는 방법에 문제가 있기 때문일 것이다.

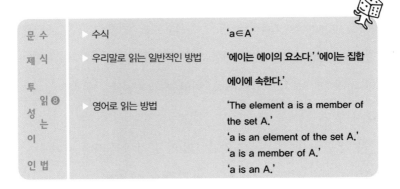

수식 읽는 법 문제투성이인 8	▶ 수식	'a∈A'
	▶ 우리말로 읽는 일반적인 방법	'에이는 에이의 요소다.' '에이는 집합 에이에 속한다.'
	▶ 영어로 읽는 방법	'The element a is a member of the set A.' 'a is an element of the set A.' 'a is a member of A.' 'a is an A.'

나는 지금까지 이 수식을 척척 읽는 학생을 본 적이 없다. 실제로 이 수식을 읽게 하면 대부분의 학생이 멈칫한다. 위의 네 가지 영어 문장을 보면 알 수 있듯이 영어로 하면 수식 'a∈A'가 무엇을 의미하는지 쉽게 파악할 수 있다. 간단하게 'a is an A.'라고 표현하면 된다.

이처럼 중학생 수준의 영어 단어와 문법을 알면 수식을 영어로 쉽게 읽을 수 있다.

수식 읽는 법 문제투성이인 8	▶ 수식	'$f(x)$'
	▶ 우리말로 읽는 일반적인 방법	'에프 엑스'
	▶ 영어로 읽는 방법	'f of x'

우리말로는 'x의 함수 f'라고 읽는데 영어로는 'a function f of x'라고 읽는다.

여기서 또 다른 중요한 점이 바로 '어원'이다. 예를 들어 허수

'i'는 'imaginary number'의 'i', 'tan x'는 '탄젠트'라고 읽는데, 철자는 'tangent'로 쓴다. 대부분의 학생이 여기까지는 쉽게 하지만 정작 그 의미가 '접선(接線)'이라는 것을 아는 학생은 그다지 많지 않다.

수학 단어 중 대부분은 영단어의 앞 문자에서 따온 것이다. 그러므로 영단어의 철자와 읽는 법을 함께 외우면 수식의 의미도 자연스럽게 이해할 수 있다.

수식은 그림이 아니라 언어다

수식 읽는 방법을 살펴보니 어떤 생각이 드는가? 이렇듯 잘못된 예를 들려면 끝이 없다. 지금이라도 정확하지 않은 '방법'을 따져 보고 과감하게 수학에 영어를 도입해야 하지 않을까?

영어의 올바른 의미를 바탕으로 수학을 가르치는 것이 바람직하다고 생각한다.

애매하게 읽을 바에야 중학교 수학 시간부터 영어로 읽는 방법을 가르쳐야 하지 않을까? 부디 오해하지 말기를 바란다. 내 주장은 '영어를 배우기 위해 수학을 사용하자.'는 것이 아니다. 수학을 깊이 있게 이해하려면 철저하게 영어로 읽어야 한다는 것이다.

생각해보라. 현재 교과서에서는 수식을 다룰 때 '그림'으로 나타낸다. 바로 이 점이 '그림이니까 못 읽어도 된다.'라는 생각으로 이어진다. 우선 수식은 그림이 아니라 문장으로 읽는 것이라고 생각을 바꿔야 한다.

'읽을 수 있는 것'은 곧 '알고 있는 것'이라 할 수 있다.

지금은 자연스럽게 구사하지만 어린 시절 우리말을 배울 때는 무척 어려웠을 것이다. 그때 소리를 내서 읽으면서 배웠던 것처럼 수식도 읽을 수 있게끔 만들어야 한다. 당장 내용을 이해하지 못해도 좋다. 척척 읽을 수 있을 때까지 연습하는 것이 우선이다.

일단 술술 읽게 되면 '수학은 언어'라는 것을 이해하게 되어 더 이상 어렵게 느껴지지 않는다. 그리고 이루어냈다는 성취감이 수학을 좋아하게 되는 밑거름이 된다.

수학은 이공계를 위한 것이다?

'읽기, 쓰기, 셈'은 사회인에게 꼭 필요한 지식이다. 잘 알고 있듯이 '읽기, 쓰기'는 국어 능력을, '셈'은 산수 능력을 나타낸다.

수학은 이공계다. 이 말에 반대하는 사람은 없을 것이다.

과거에는 산수와 수학의 본질이 계산에 있다고 생각해서 학생들에게 철저하게 계산, 즉 기술로서의 계산을 훈련시켰다. 이 때문에 끊임없이 계산을 반복하게 되자 '산수와 수학을 싫어하는 사람'이 늘어났다. 요즘 학생들을 가르치다 보면 수학이 어려워 이공계 학부를 포기하고 인문계 학부를 지원한다는 말을 자주 듣는다.

심지어 이공계 대학을 가도 수학의 위치는 고작 '물건 만들기'의 공학계열 학문을 지원하기 위한 도구에 지나지 않는다.

이런 상황이니 '물건 만들기'와 관계없는 인문계 사람이 '수학은 필요 없다.'라고 생각하게 된 것도 당연하다.

하지만 정말 수학이 필요 없는 것일까?

'읽기, 쓰기, 셈'이라는 단어가 가진 본래의 의미는 '국어를 이해하는 것처럼 산수와 수학을 이해하는 것도 중요하다.'가 아니었을까?

수학자의 로맨틱한 명언

수학은 인류가 만들어낸 최강의 언어다. 자연의 아름다움과 우주의 조화마저도 표현할 수 있는 언어가 바로 수학이다. 실제로 나는 수학이라는 언어로 우주를 이해할 수 있다는 것에 벅찬 감격을 느꼈다.

일본 하이쿠의 대가로 손꼽히는 바쇼(芭蕉)는 하이쿠(俳句: 5, 7, 5의 3구 17자로 구성된 일본 고유의 단시)의 '5, 7, 5'로 자연의 아름다움을 절묘하게 표현했다. 표현하는 것 자체에 목적과 기쁨이 있는 것이다. 이는 수학도 마찬가지다.

내가 좋아하는 수학에 관한 명언을 몇 가지 소개하려 한다.

이 명언들에는 수학의 예술적 모습이 훌륭하게 표현되어 있다. 이렇듯 수학을 접하는 것 자체에 기쁨이 있고 목적이 있는 것이다.

수학을 모르는 사람은 자연의 진정한 아름다움을 알 수 없다. ─리처드 파인만(Richard P. Feynman, 미국 물리학자. 노벨 물리학상 수상)

우리의 진정한 천직은 시인이다. 단, 자유롭게 만들고 나면 나중에 엄밀히 증명해야 한다. 그것이 우리의 숙명이다.
─레오폴트 크로네커(Leopold Kronecker, 독일의 수학자. 방정식과 고차대수학론 연구에 크게 기여)

만약 수학에 아름다움이 없었다면 아마 이 학문 자체가 탄생하지도 않았을 것이다. 인류 최대의 천재를 이 난해한 학문으로 모으는 데 필요한 힘이 아름다움 외에 무엇이 있겠는가?
─표트르 일리치 차이코프스키(Pyotr Il'yich Tchaikovsky, 낭만주의 시대의 러시아 작곡가)

다른 학문들과 공평하게 생각해보면 수학이 비단 진실성에만 초점을 맞춰야 하는 것은 아니다. 그중에서도 특히 수학의 아름다움, 그 차갑고 엄격한 아름다움은 마치 해골처럼 우리 자신의 본능적 나약함에 호소하지 않는다. 그렇다고 회화나 음악처럼 꾸며진 것도 아니다. 그러나 숭고한 순수함 그리고 엄격한 완전성을 실현하는 유일한 예술이다.
─버트런드 러셀(Bertrand Russell, 영국의 논리학자이자 철학자. 노벨 문학상 수상)

수학은 우리 감각의 불완전성을 메우기 위해 그리고 짧은 우리의 생명을 보충하기 위해 되살아난 인간 정신의 힘이다.
−조제프 푸리에(Joseph Baron Fourier, 프랑스 수학자)

 수학은 인간 정신의 영광을 위해 존재한다.
−카를 야코비(Carl Gustav Jakob Jacobi, 독일의 수학자)

예술과 기하학의
환상적인 만남, 와산

옛 일본인은 '수학의 기쁨'을 알고 있었다. 에도시대(江戶時代,
1603~1867, 도쿠가와 이에야스가 에도에 막부를 열어 통치하기 시작
하여 도쿠가와 요시노부가 천황에게 정권을 돌려주기까지의 시대), 쇄
국정책 아래 일본에는 '와산(和算: 주판을 써서 하는 일본의 재래 셈
법)'이라는 독특한 수학이 발전했다. 이는 서양 수학과 전혀 다른
길을 걸어 세계적 수준으로 발전한 일본의 독자적인 수학이다.

에도시대의 와산가 세키 다카카즈(關孝知)는 뉴턴(Isaac Newton)
및 라이프니츠(Gottfried Wilhelm Leibniz)와 동시대에 활약하면서
독창적인 해법을 만들어냈다. 그리고 에도시대의 서민교육기관
인 데라고야(寺小屋)의 교과서로 보급되었던 와산가 요시다 미츠
요시의 『진코기(塵劫記)』는 인기 작가 이하라 사이카쿠와 짓펜샤
이쿠의 작품을 훌쩍 뛰어넘는 베스트셀러였다.

당시에는 문제를 푸는 데 성공하면 그 해답을 '산가쿠(算額)'라

고 불렀던 에마(絵馬, 소원을 빌 때나 소원이 이루어졌을 때, 그 사례로 신사나 절에 말 대신 봉납하는, 말 그림의 액자)로 만들어 신사 불각에 봉납하는 '산가쿠 봉납'이라는 풍습이 있었다.

이렇게 에도시대에 꽃핀 일본의 독자적인 수학, 와산. 메이지시대 와산은 수입된 서양 수학에 자리를 양보하고 사라졌다. 하지만 서양의 수학이 널리 보급된 것도 세키 다카카즈를 비롯한 와산가가 만든 바탕이 있었기에 가능했다고 볼 수 있다.

노벨 물리학상을 수상한 유명한 우주 물리학자 프리먼 다이슨(Freeman John Dyson)은 와산의 독창성과 풍부함에 대해 "서양의 영향권에서 벗어나 있던 시대, 와산 애호가는 예술과 기하학의 결혼이라고 할 수 있는 '와산'을 창조했다. 이는 세계에서 유래를 찾아볼 수 없는 일이다."라고 말했다.

악취는 줄여도 역시 악취다

우리는 감각에 의존해 생활한다. 오감에는 시각, 청각, 미각, 후각, 촉각이 있는데 실은 여기에 어떤 법칙이 있다. 먼저 '냄새'의 경우를 생각해보자.

닫힌 방안에서 방귀 같은 고약한 냄새를 맡고 방향제나 공기청정기를 사용해 반 정도 줄였다고 하자. 그럼에도 여전히 냄새가 날 경우, '냄새가 반만 난다.'라고 느낄까? 그렇지는 않을 것이다.

우리는 이런 경우 보통 '거의 변함없다.' 또는 '역시 냄새가 난다.'라고 생각한다. 실제로 '반이 되었다.'라고 느끼려면 냄새의

90%를 제거해야 한다.

'소리'도 마찬가지다. 우리는 곤충의 소리와 콘서트의 음량을 똑같이 들을(느낄) 수 있다. 이는 잘 생각해보면 매우 재밌는 일이다.

만약 인간이 음량의 절대치를 느낄 수 있다고 한다면 곤충의 소리는 음량이 작으니 작게 들리고, 콘서트의 음량은 크게 들려야 한다. 하지만 실제로는 그렇지 않다.

우리는 작은 소리도 큰 소리와 똑같이 느낀다. 이는 소리의 대소와 상관없이 느끼는 방법(감각)은 같기 때문이다.

예를 들어 10의 에너지를 가진 소리가 있다고 하자. 이 소리를 몇 배로 크게 만들어야 인간이 소리의 크기(감각)가 두 배 커졌다는 사실을 느낄 수 있을까?

구스타프 테오도어 페히너*는 인간의 감각을 수식으로 만들었다

베버-페히너 법칙(Weber-Fechner law)

R을 감각의 강도, S를 자극의 강도라고 하면

$$R = k \log \frac{S}{S_0}$$

S_0는 감각의 강도가 0이 되는 자극의 강도(역치. 생물체가 자극에 반응하는 데 필요한 최소한의 강도를 나타내는 값)
k는 자극 고유의 정수(감각별로 다른 값)

* Gustav Theodor Fechner, 독일의 물리학자이자 심리학자. 현대 실험 심리학의 기초인 정신물리학의 선조.

보통 '두 배니까 에너지의 양을 20으로 하면 되지 않을까?'라고 생각한다. 하지만 인간의 귀는 그렇게 예민하지 않다. '두 배'라고 느끼게 하려면 실제로는 10배로 크게 만들어야 한다. '10'의 소리가 '100'이 되어야만 '두 배'로 느끼는 것이다.

따라서 세 배가 되었다는 것을 느끼게 하려면 '10×10×10'으로 실제로는 100배의 에너지가 필요하다.

인간의 감각을 수로 나타낼 수 있다고?

앞에서 보았듯, 인간의 감각은 덧셈이 아니라 곱셈으로 계산된다는 것을 알 수 있다. 이것이 1860년에 탄생한 '베버-페히너 법칙'이다.

"감각의 강도 R은 자극의 강도 S의 대수(로그)에 비례한다." 이 발표는 '정신물리학'이라는 학문의 발단이 되었다.

정신물리학은 독일의 심리학자 에른스트 베버(Ernst Heinrich Weber)가 '심리학의 세계를 수로 나타낼 수 있는가?'라고 생각한 데서 출발한다. 사실 인간의 감각이란 매우 주관적이다.

그러나 무엇이든 "주관이다."라고 말해버린다면 학문은 필요하지 않을 것이다. 주관만 내세우는 것은 학문이 아니라 예술이다. 따라서 심리학자 베버는 이런 눈에 보이지 않는 사람의 마음이나 감각을 수로 나타내기 위해 1840년대에 여러 가지 연구를 실시했다.

그리고 1860년에 마침내 물리학자 페히너가 이를 수식으로 만드는 데 성공했다. 이것이 심리학에서 출발했음에도 '정신물리학'의 법칙이라고 부르게 된 근거다.

즉, 우리 인간의 감각은 결코 엉터리가 아니며, 수로 나타낼 수 있다. 우리의 몸은 급격히 변화하는 환경, 즉 자극을 '베버-페히너 법칙'에 따라 생생히, 그리고 정확히 느끼고 있다.

'0과 1'을 이용한 인터넷 암호기술

중·고등학교 수학 시간에 배운 인수분해를 떠올려보자.

'아우, 귀찮아. 이런 거 배워서 쓸 곳이 있나?'라고 생각한 사람도 있었을 것이다. 하지만 사실 이 '귀찮은' 계산이 우리의 안전을 지켜준다.

인수분해는 인터넷 보안의 암호기술로 사용되고 있다. 예부터 여러 차례 시행착오를 반복하며 발달한 이 암호기술은 현대에 이르러 수학의 힘을 빌려 실현되었다.

인터넷은 각각의 컴퓨터를 전선으로 연결해야 가능한 시스템이다. 이 전선 속에는 여러 가지 정보가 흐르는데, 이것의 정체는 바로 전기신호로 그 자체로는 전기의 '켜짐·꺼짐' 정보만을 나타낸다. 그리고 이를 쉽게 표현하기 위해 '수'인 '0과 1'을 사용한다.

요컨대 문자, 음악, 영상 정보 모두를 '0과 1'이라는 수로 변환해 나타내는 것이 컴퓨터 네트워크의 세계다. 따라서 인터넷 정보의 안전이란 '수의 안전'일 수밖에 없다. 이때 수가 등장한다.

공개 키 암호 방식(Public key cryptosystem)이라고 불리는 암호 시스템이 있다. 이 시스템의 최대 포인트는 '인수분해의 어려움'이다. 수의 인수분해는 '소인수분해'라고 하며, 1과 자신만을 약수로 가진 자연수를 소수라고 한다.

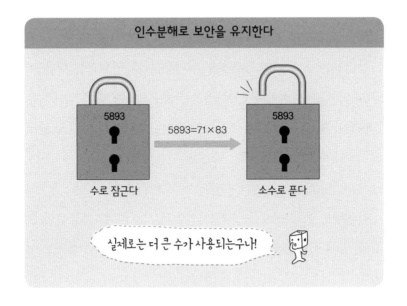

인수분해로 보안을 유지한다

5893

5893=71×83

5893

수로 잠근다

소수로 푼다

실제로는 더 큰 수가 사용되는구나!

2, 3, 5, 7, 11……. 소수는 무한하다. 12를 소인수분해하면 '2×2×3'으로 쉽게 풀 수 있지만, 5893의 소인수분해는 간단치 않다. '71×83'이라는 해답을 알려면 계산을 해야 한다.

'71×83'을 계산하기는 쉽지만 그 반대인 소인수분해는 무척 어렵다. 컴퓨터를 사용해도 쉽지 않기 때문에 수가 커질수록 소인수분해에는 엄청난 시간이 필요하다.

암호는 어떻게 생성될까?

공개 키 암호 방식을 간단히 설명하면 다음과 같다. 상대방에게 정보를 보낼 때 '5893'과 같은 수(두 소수의 곱)로 암호를 만들어 정보를 보내라고 요청한다. 이 수를 '공개 키'라고 한다.

상대방은 공개 키인 '5893'으로 원문(수)을 암호화한 다음 이 암호문(수)을 의뢰인에게 보낸다. 암호문(수)을 받은 의뢰인은 '5893'이 두 소수 '71'과 '83'으로 소인수분해되는 사실을 알고 있기 때문에 이를 사용해서 암호문을 원문으로 되돌릴 수 있다. 즉, 암호를 해독할 수 있다.

인터넷을 통해 정보를 교환하면 여러 사람이 볼 가능성이 크지만, 공개 키인 '5893'은 인수분해하기가 어려우므로 해독도 어렵다.

실제로는 '5893'보다 훨씬 큰 수를 공개 키로 사용해 안전성을 높인다. 이렇듯 인수분해는 '귀찮기' 때문에 보안을 유지하는 데 도움이 된다. 인터넷 창에 '키 마크'가 나타날 때가 있는데, 이는 암호 통신이 이루어지고 있다는 표시다.

인류의 역사를 되돌아보면 기원전 19세기 무렵부터 암호를 사용했다는 사실을 알 수 있다. 그 이후로 암호는 계속 만들어졌다가 해독되기를 반복했다.

비록 소인수분해를 활용한 암호화가 매우 훌륭한 시스템이기는 하지만, 간단히 소인수분해가 가능한 방법이 발견되면 공개 키 암호 방식은 사라질 것이다. 하지만 걱정할 필요는 없다. 그때가 되면 새로운 암호가 등장할 테니까! 수학은 앞으로도 변함없이 우리의 안전을 지켜줄 것이다.

신용카드
번호에 담긴
수학적 비밀

신용카드 번호에는 법칙이 있다

신용카드 회원번호는 16자리다. 나는 인터넷으로 물건을 살 때 편리하다고 느끼면서도 한편으로는 불안하다.

16자리 번호를 잘못 입력하지 않을까 하고 걱정이 앞서기 때문이다. 혹시 실수로 다른 번호를 입력하면 나 아닌 다른 사람이 쇼핑했다고 인식하지 않을까?

물론 16자리 수를 모두 잘못 입력한다면야 당연히 다른 사람의 번호가 될 가능성이 높아지겠지만 여기서는 한 개의 번호를 잘못 입력했을 때 일어나는 문제에 대해 살펴보고자 한다.

신용카드 번호 뒤에 숨어 있는 룬(Luhn) 공식

단계 1

마지막 수부터 세어 홀수 번째 수는 그대로 두고, 짝수 번째 수를 2배로 만든다.

3491의 경우

3과 9를 2배로 만든다.
3 → 6
9 → 18

단계 2

2배로 만든 짝수 번째 수가 10 이상인 경우, 각 행을 더한 수(한 자릿수)로 바꾼다.

18은 10 이상이므로
18 → 1+8=9

단계 3

이와 같이 얻은 모든 자리의 수를 더한다.

모든 수를 더한다.
6+4+9+1=20

단계 4

그 합이 10으로 나뉘면 '정당한 번호'이고 그렇지 않으면 '부당한 번호'로 판정된다.

20은 10으로
나눌 수 있으므로
정당한 번호!

사실 신용카드 번호는 어떤 시스템에 의해 정해진다.

즉 모든 카드 회원번호는 임의로 정해지는 것이 아니라 어떤 절차를 통해 만들어진 '정당한 번호'다. 따라서 입력된 번호가 '정당한 번호'인지 아닌지를 판정할 수 있다. 이때 사용하는 것이 '룬 공식(LUHN formula)'이다.

카드번호를 실수로 입력해도 괜찮을까

이제, 구체적으로 앞의 표에서 가르쳐주는 순서대로 계산해보자. 16자리는 어려우니 간단히 카드번호가 4자리라고 가정하자. 번호 '3491'을 입력하면 마지막 수부터 세어 짝수 번째인 9와 3을 각각 두 배로 만든다. 각각 18과 6이 된다.

18은 10 이상이므로 '1+8=9'로 바꾼다. 그러면 모든 자릿수의 합계가 '6+4+9+1=20'이 된다. 20은 10으로 나눌 수 있으니 '정당한 번호'로 판정된다.

여기서 4개의 수 중 하나가 잘못 입력되었다고 하자. 만약 '3481'이라면 어떻게 될까? '6+4+7+1=18'이 되어 10으로 나눌 수 없다. 즉, '부당한 번호'로 판정된다. 어느 자리든 실수로 입력해도 이와 같은 절차를 통해 '부당한 번호'로 판정된다.

실수로 입력해도 알 수 있는 이유는 단계1과 단계2에서 이루

$0 \times 2 \rightarrow$	0	
$1 \times 2 \rightarrow$	2	
$2 \times 2 \rightarrow$	4	
$3 \times 2 \rightarrow$	6	
$4 \times 2 \rightarrow$	8	

$5 \times 2 \rightarrow 10 \rightarrow 1+0 \rightarrow$	1
$6 \times 2 \rightarrow 12 \rightarrow 1+2 \rightarrow$	3
$7 \times 2 \rightarrow 14 \rightarrow 1+4 \rightarrow$	5
$8 \times 2 \rightarrow 16 \rightarrow 1+6 \rightarrow$	7
$9 \times 2 \rightarrow 18 \rightarrow 1+8 \rightarrow$	9

어지는 한 자릿수로의 변환이 위의 그림과 같기 때문이다.

'0부터 9까지' 10개의 수는 각기 다른 10개의 수로 변환된다.

그 결과, 잘못 입력하면 단계3의 합계가 달라져 단계4에서 '부당한 번호'로 판정된다.

이와 같이 신용카드 번호는 절묘한 시스템으로 생성되어 바로바로 확인할 수 있다. 그 덕분에 우리가 안심하고 쇼핑할 수 있는 것이다.

계산법을 궁리하는 즐거움

물건을 사고 거스름돈을 받았을 때 금액이 맞는지 확인하는 편인가? 아마 확인하지 않는 사람이 더 많을 것이다. 뺄셈은 귀찮으니까. 그러나 조금만 생각하면 쉽게 계산할 수 있다. 그 비결은 바로 뺄셈을 하지 않는 것이다.

　'더해서 9'의 주문을 외쳐보자. '더해서 9'의 주문이란, 마지막 수 이외에는 '더해서 9'가 되고 마지막 수는 '더해서 10'이 되는 수를 찾는 것이다. 예를 들어 천 원을 내고 342원어치 물건을 샀다면 거스름돈을 어떻게 계산할까? 즉 '1000-342'의 경우, 100

의 자리인 3에 '더해서 9'가 되는 수는 6, 다음 10의 자리인 4에 '더해서 9'가 되는 수는 5, 그리고 마지막 수인 2에 '더해서 10'이 되는 수는 8이다. 이 세 개의 수를 나란히 놓으면 '658', 즉 거스름돈은 '658원'이 된다.

사실 이는 '1000-342'를 '999-342+1'로 바꾼 것뿐이다. 일자리는 끝에 1을 더하므로 '더해서 10'이 된다. 즉 받아내림을 하지 않고도 답을 구할 수 있다.

이 방법으로 계산대에서 거스름돈을 쉽게 계산할 수 있다.

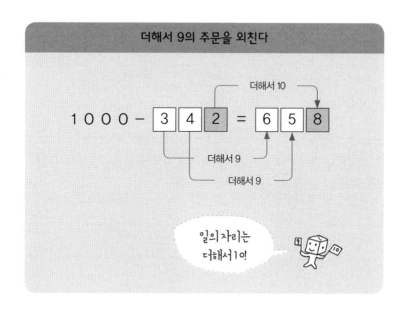

슈퍼 계산법 ① 11의 곱셈

예제 53×11

단계1: 53×11=5□3과 같이 5와 3을 떨어뜨려 가운데에 공간

을 만든다.

단계2: 이 □에 5+3=8을 넣는다.

답은 583이다.

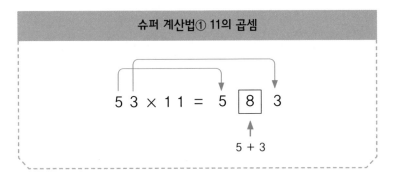

슈퍼 계산법② 11과 19 사이에 있는 두 수의 곱셈

예제 14×12

단계1: 답의 앞 두 자리를 14+2(12의 일자리)=16으로 한다.

단계2: 답의 뒤 한 자리를 일의 자리끼리의 곱 4×2=8로 한다.

답은 168이다.

슈퍼 계산법③ 100에 가까운 수끼리의 곱셈

예제 98×97

단계1: 100과의 차이를 기억한다. 98, 97은 각각 2와 3이다.

단계2: 답의 앞 두 자리는 100-(2+3)=95로 한다.

단계3: 답의 뒤 두 자리는 2×3=6으로 06으로 한다.

답은 9506이다.

어떤가? 손으로 쓰지 않고 머리로만 계산해 답을 구할 수 있다. 곱셈은 손으로 쓰면서 세로로 하나하나 계산해야 하니 귀찮지 않은가.

이렇듯 작은 아이디어가 계산을 편하게 만든다. 거스름돈 계산에 활용해보자.

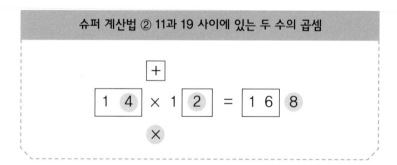

1이 늘어선 레퓨닛 수

'1' '11' '111'처럼 모든 자릿수가 1로만 구성된 자연수를 '레퓨닛(Repunit) 수'라고 한다. 이 수는 호기심을 자극하는 수임이 틀림없다. 이제부터 이를 제곱해보자.

'$1 \times 1 = 1$' '$11 \times 11 = 121$' '$111 \times 111 = 12321$' '$1111 \times 1111 = 1234321$'

어, 뭔가 감을 잡지 않았는가?

그렇다. 답을 보면 마치 피라미드처럼 1부터 자신의 자릿수까지 순서대로 커졌다가 다시 1로 작아진다.

'11111×11111'의 답도 금방 알았을 것이다. 아래 그림을 보기 전에 계산기로 확인해보자.

자릿수가 열자리를 넘으면 올림이 생겨 이 법칙에서 벗어나지만, 아홉 자리까지 레퓨닛 수의 제곱은 '123…n…321'이 된다.

이처럼 수의 세계에는 자릿수가 커도 일정한 규칙이 있어 순식간에 계산할 수 있는 재밌는 조합이 존재한다.

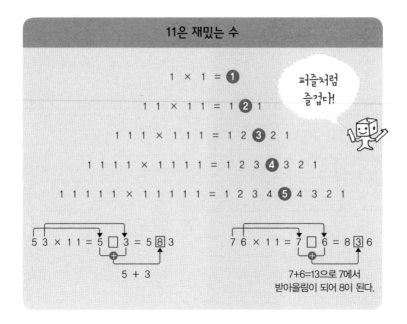

여러 가지 재미있는 레퓨닛 수 법칙

레퓨닛 수에는 이외에도 재밌는 법칙이 있다. 52쪽에 나온 '53×

11=583'은 십의 자리의 '5'와 일의 자리의 '3'을 더한 '8'을 넣으면 답이 나온다.

그럼, '76'과 같이 십의 자리와 일의 자리의 합이 '10' 이상인 수는 어떻게 계산할까? 앞에 나온 답을 보기 전에 먼저 스스로 생각해보자.

왜 노벨상에는 수학상이 없을까

노벨상에는 수학 부문이 없다. 이는 노벨상을 만든 알프레드 노벨(Alfred Nobel)이 스웨덴 수학계의 대가 미타크 레플러(G. Mittag-Leffler)와 사이가 좋지 않았기 때문이라는 얘기가 있다.

당시 노벨은 수학상을 만들려면 그의 도움이 꼭 필요했다. 하지만 노벨은 레플러를 너무 싫어한 나머지 그에게 도움을 청하는 대신 수학상 제정을 그냥 포기해버렸다. 바로 이것이 오늘날 노벨상에 수학이 없는 이유다.

대신 필즈상이란 것이 있는데 이 상이 생겨난 과정도 무척 재미있다. 존 찰스 필즈(John Charles Fields)라는 캐나다의 수학자는 유럽에서 유학하던 중 레플러와 만나 친해졌다. 그 인연으로 필즈는 수학에 대한 뜨거운 열정을 갖게 되었고, 국제수학상 창설이라는 꿈을 품게 되었다.

수학계의 최고 영예 '필즈상'

하지만 필즈는 마침 그를 덮친 병마로 인해 꿈을 이루지 못했다. 대신 1932년 그의 친구들이 국제수학자 회의에서 행동에 나섰는

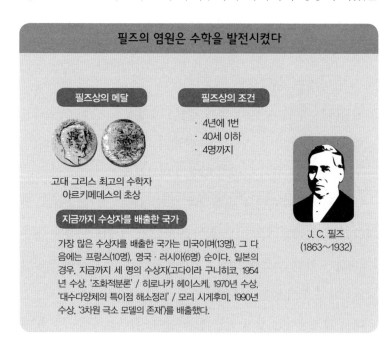

필즈의 염원은 수학을 발전시켰다

필즈상의 메달

고대 그리스 최고의 수학자
아르키메데스의 초상

필즈상의 조건

· 4년에 1번
· 40세 이하
· 4명까지

J. C. 필즈
(1863~1932)

지금까지 수상자를 배출한 국가

가장 많은 수상자를 배출한 국가는 미국이며(13명), 그 다음에는 프랑스(10명), 영국 · 러시아(6명) 순이다. 일본의 경우, 지금까지 세 명의 수상자(고다이라 구니히코, 1954년 수상, '조화적분론' / 히로나카 헤이스케, 1970년 수상, '대수다양체의 특이점 해소정리' / 모리 시게후미, 1990년 수상, '3차원 극소 모델의 존재')를 배출했다.

데 그 결과 탄생한 것이 국제수학상인 '필즈상(Fields Medal)'이다. 슬프게도 이것이 결정되기 직전에 필즈는 세상을 떠났다. 그는 자신의 이름을 딴 수학상이 생길 줄은 꿈에도 몰랐을 것이다.

알궂게도 필즈상이 창설된 것은 노벨이 수학상을 만들지 않았기 때문이다. '4년에 한 번, 40살 이하, 4명까지 수상 가능'. 노벨상보다 조건이 엄격한 필즈상. 지금까지 49명의 뛰어난 수학자들이 수상했다.

필즈의 염원은 수학을 발전시키는 큰 원동력이 되어 현재까지 이어지고 있다.

아직도 풀지 못한
수학계의 난제들

증명을 기다리는 문제들

어떤 지도든 네 가지 색이 있으면 인접한 곳에 각기 다른 색을 칠해 구분할 수 있다. 이는 19세기경에 발견된 유명한 '4색 문제'로 100년이 지난 1976년에야 증명되었다. 이때 증명하기 위해 쓰인 새로운 도구가 바로 컴퓨터다.

"하나의 세제곱수를 두 개의 세제곱수로 나누거나, 네제곱수를 두 개의 네제곱수로 나누는 것, 또는 일반적으로 3차 이상의 거듭제곱수를 같은 차수로 나누는 것은 불가능하다. 나는 경이로운 증명의 방법을 발견했지만, 여백이 부족해 적을 수 없다."

17세기 프랑스의 수학자 피에르 페르마(Pierre de Fermat)는 이런 수수께끼 같은 문장을 남겼다.

'페르마의 마지막 정리'로 불리는 이것은 'n이 2보다 큰 자연수일 때 $x^n + y^n = z^n$을 만족하는 정수해는 존재하지 않는다'의 문제였다. 이 정리를 증명하는 데는 무려 300년이 필요했다. 1994년 영국의 수학자 앤드루 와일즈(Andrew John Wiles)는 '타니야마 시무라 추측(Taniyama-Shimura Hypothesis, 이제는 증명되어 추측이 아니라 정리로 표기)'과 이와사와 이론(Iwasawa Theory)을 이용하여 마침내 페르마의 정리를 증명했다.

문제는 언제나 침묵한다. 그러나 자신을 본 사람에게 조용히 말을 건다. "풀 수 있으면 풀어봐."라고.

'풀고 싶은' 마음이 문제를 만든다

수학자는 다르게 표현하면 도전자다. 이들의 마음속에 있는 '풀고 싶다.'라는 욕망이 새로운 이론을 차례로 탄생시킨다. 그러면 또 다른 문제가 발견된다. 즉 수학에는 문제를 '푸는 것' 이상으로 문제를 '만드는 것'이 중요하다.

2보다 큰 모든 짝수는 두 소수의 합이라는 '골드바흐의 추측', 소수 분포에 관한 '리만 가설' 등 수학의 세계를 견인한 난제는 무척이나 많다.

연구가 거듭될수록 신비로움이 더해가는 수학의 세계. 그중에서도 난제는 누군가가 풀어주기를 간절히 기다리고 있다.

수학계의 문제

4색 문제

평면상의 지도는 네 가지 색으로
칠하여 전부 구별할 수 있다.
〈19세기 중반에 발견→1976년 해결!〉

페르마의 마지막 정리

n이 2보다 큰 자연수일 때,
$x^n+y^n=z^n$을 만족하는 정수
x. y. z는 존재하지 않는다.
〈1630년대에 발견→1994년 해결!〉

골드바흐의 추측

2보다 큰 모든 짝수는
소수 두 개의 합이다.
〈1742년에 발견 → 미해결!〉

리만 가설

제타 함수 $\zeta(s)$의 명백하지 않은
모든 근들은 실수부가 1/2이다.
〈1859년에 발견 → 미해결!〉

2장

일상에 숨겨진
수학을 찾아라

√는 무엇에 쓰일까

중학교 수학 교과서에는 '√'라는 기호가 나온다. 왜 √를 공부해야 하는가? 아마 이를 궁금해하면서 문제를 푼 사람이 많을 것이다.

제곱해서 a가 되는 수는 두 개가 있다. 예를 들어 제곱해서 9가 되는 수는 +3과 −3이다. 그럼 제곱해서 3이 되는 수는 무엇일까? 이 질문에는 정수를 사용해 답할 수 없다.

이럴 때 √를 사용하면 제곱해서 3이 되는 수를 ±√3으로 표현할 수 있다. 이는 교과서에 실려 있는 내용이다.

그러나 이러한 설명 방식은 중학생이 이해하기에는 어렵다. 제곱해서 3이 되는 수를 구하는 일은 '나 하고는 상관없다.'라고 느끼는 학생에게는 특히 좋지 않은 방법이다. 이보다는 '√가 실제로 일상생활에 자주 사용된다.'라는 필요성을 먼저 알려줘야 하지 않을까?

자, 이제 $\sqrt{2}$와 $\sqrt{5}$를 갖고 '√ 찾기 여행'을 떠나보자. 먼저 $\sqrt{2}$와 복사용지의 관계를 살펴볼까?

복사용지의 규격과 크기는 'A4' 'B5' 등으로 표기한다. 이 두 용지의 가로와 세로 길이를 주목해보자. 여기에는 $\sqrt{2}$가 감춰져 있다. 어떤 크기도 가로와 세로의 비가 $1:\sqrt{2}$다. A4 용지를 가로로 반을 접어보자. 그러면 A5 용지가 된다.

반대로 A4 용지 두 개를 나란히 놓으면 A3 용지가 된다. 즉, 모든 가로 대 세로의 비가 $1:\sqrt{2}$다. 복사용지는 규격과 크기가 달라도 모두 같은 형태를 하고 있다. 덕분에 사용하기 편한 종이의 크기와 형태가 결정된다.

'다빈치 코드'에 숨어 있는 황금비

다음으로 $\sqrt{5}$와 카드의 관계를 살펴보자. 영화 〈다빈치 코드〉로 유명해진 수, 황금비는 가장 아름답다는 직사각형의 가로 대 세로의 비율 '$1:1.618 = 1:(\frac{1+\sqrt{5}}{2})$'을 뜻한다. 인간은 황금비로 균형을 맞춘 형태에 아름다움을 느끼기 때문에 명함이나 카드, 정오각형(벚꽃의 꽃잎 등) 등은 모두 황금비를 기준으로 만든다.

이처럼 $\sqrt{2}$는 복사용지를 기능적으로 만드는 수, $\sqrt{5}$는 아름다움을 만드는 수로 활약한다.

그렇다면 '수는 살아 있다.'라고 말할 수 있지 않을까? 중요한 것은 수를 살아 있는 존재로 느끼고 바라보는 시선이다. 그러면

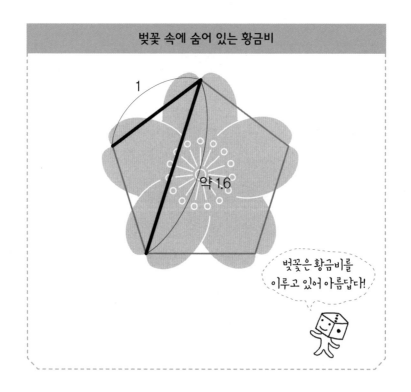

벚꽃 속에 숨어 있는 황금비

자연스럽게 수와 친구가 될 수 있다.

수는 말하지 않는다. 단지, 조용하게 조심스럽게 우리 생활을 떠받치고 있을 뿐이다. √라는 수도 우리 곁에서 숨 쉬고 있다.

참고로 √는 'root(뿌리)'의 앞 문자 'r'을 변형한 기호다. √는 식물의 뿌리를 뜻하니 이렇게 보면 역시 수는 살아 숨 쉬는 존재라 할 수 있다.

복사용지 A판과 B판의 차이

평소에 자주 쓰는 복사용지에 숨겨진 비밀은 무엇일까? A4는 '210mm×297mm'로 가로세로 비율이 '1:$\sqrt{2}$'라는 것은 앞에서 이미 말했다. 이를 두 배씩 늘리면 A3, A2, A1으로 크기가 커지며 가장 큰 것은 A0다.

A4를 기준으로 크기를 배로 늘려보자. 왼쪽 그림을 보자. 면적은 '1188mm×840mm=997920mm²'가 된다.

여기서 무언가 눈치 채지 않았는가?

이 값은 '1000000mm²=1000mm×1000mm=1m²'와 비슷하

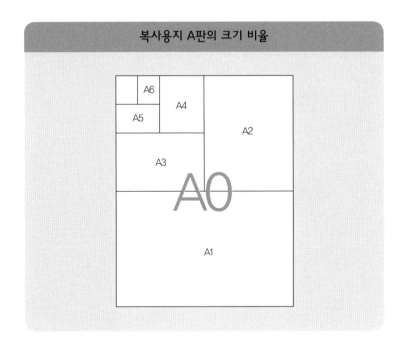

복사용지 A판의 크기 비율

다. A0을 1m²로 정해놓고 차례로 작은 크기를 만든 것이다. 이는 ISO(국제표준규격)로 채용되었다.

정확히는 A0(1189mm×841mm=999949mm²), A1(594mm× 841mm), A2(594mm×420mm), A3(420mm×297mm), A4(210mm×297mm)이다.

그리고 B판 규격도 있다. 작은 노트의 크기는 B5다. 원래 오랫동안 공공기관의 서류는 B판이었지만 최근 20년 동안 공문서가 A판으로 서서히 바뀌었다.

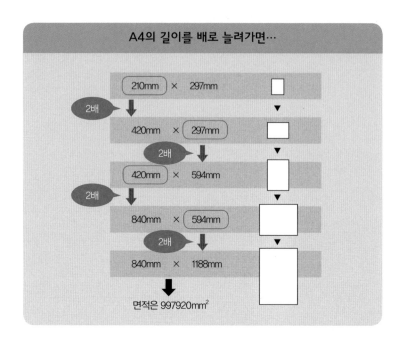

A4의 길이를 배로 늘려가면…

210mm × 297mm

2배

420mm × 297mm

2배

420mm × 594mm

2배

840mm × 594mm

2배

840mm × 1188mm

면적은 997920mm²

그렇다면 왜 두 가지 크기를 함께 썼을까? 실제로 B판을 사용한 데에는 합리적인 이유가 있다. A판만 사용하면 사용빈도가 높은 A4의 앞뒤 크기인 'A3는 너무 크고 A5는 너무 작다.'라는 불편함이 생긴다. 이를 보완하기 위해 B판이 생긴 것이다. A판과 B판에는 어떤 수학적 관계가 감춰져 있을까? 쉽게 접하는 B4로 살펴보자.

B4의 면적은 257mm ×364mm =93548mm²

A4의 면적은 210mm ×297mm =62370mm²

면적의 비율은 '93548÷62370=1.499……'가 되어 거의 1.5에

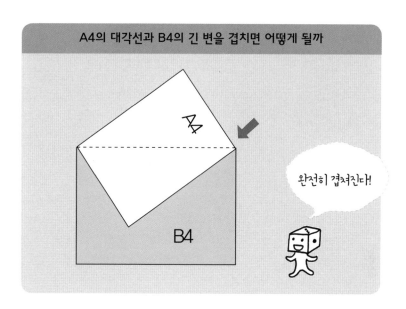

가깝다. A4의 1.5배 면적이 B4, 두 배의 면적이 A3가 되어 사용하기 편해진다.

A4와 B4를 겹치면

이 사실을 자와 계산기를 사용하지 않고도 이해할 수 있는 재밌는 방법이 있다. 우선 A4의 대각선과 B4의 긴 변을 겹쳐보자. 그러면 완벽히 일치한다.

A4의 짧은 변의 길이를 1이라고 하면 긴 변은 $\sqrt{2}$다. 그러면 '피타고라스의 정리'에 따라 대각선, 즉 B4의 긴 변은 $\sqrt{3}$이라는

것을 알 수 있다.

따라서 닮음비는 $\sqrt{2} : \sqrt{3}$, 즉 면적은 '2:3=1:1.5'다.

실제로 B0는 '1030mm × 1456mm = 1499680mm²(거의 1.5m²)'로 정해져 있다.

평소에 무심코 사용하는 복사용지. 그 바탕의 수와 형태의 구조 덕분에 우리가 편하게 사용할 수 있는 것이다.

만약 맨홀이
사각형이라면

맨홀에는 π가 감춰져 있다

우리가 무심코 지나치는 풍경에도 이유가 있다. 예를 들어 맨홀은 왜 둥글까? 만약 맨홀이 사각형이라면 어떨까?

그러면 대각선의 길이가 한 변보다 길어져 조금만 뚜껑을 돌려도 무거운 철 덩어리가 구멍 안으로 빠질 것이다. 그야말로 위험천만한 일이 아닐 수 없다!

반면 뚜껑의 형태가 '원'이면 아무리 돌려도 절대 구멍으로 빠지지 않는다. 원의 지름보다 긴 부분이 없기 때문이다.

이외에도 공사 중에 굴려서 운반할 수 있고 보기에도 편하다.

이렇듯 기능적으로나 디자인적으로나 원은 적합한 형태이며, 우리 생활과 깊숙이 관련되어 있다.

'원' 안에 감춰진 수, 그것은 '원주율 π'다. 원주율의 정의는 원의 둘레를 지름으로 나눈 값이다. 모든 원, 즉 어떤 지름의 원이라도 이 비율의 값은 일정하다. 이는 지금으로부터 4천 년 전, 원의 형태를 만들기 위해 작업을 하다가 발견된 사실이다.

실제로 손을 써보자.

종이컵, 자, 연필, 종이를 준비하자. 이걸 사용해 원주율 π를 구해보자. 먼저, 갖고 있는 종이컵 입구의 길이를 재면 약 21cm, 지름은 약 7cm다. '21÷7=3'으로 원주율은 약 3이라는 것을 알 수

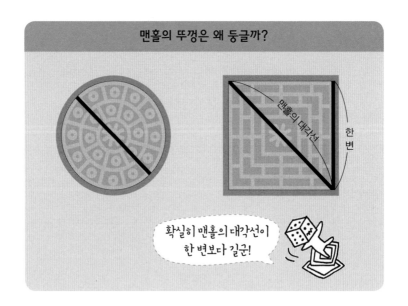

맨홀의 뚜껑은 왜 둥글까?

맨홀의 대각선

한 변

확실히 맨홀의 대각선이
한 변보다 길군!

있다.

　보다 큰 컵으로 길이를 측정하면 3.1까지 값이 커진다. 그러나 종이컵으로는 교과서에서 배운 약 3.14라는 원주율 π 값을 구할 수 없다.

소중한 것에는 '원'이 숨겨져 있다

어떻게 해야 더욱 정확한 원주율 값을 얻을 수 있을까? 이를 위해 예부터 전 세계에서는 계측이 아니라 '계산'으로 원주율을 구하는 방법이 생겨났다. 독일의 수학자 루돌프는 평생을 원주율 값을 구하는 데 시간을 보냈는가 하면, 프랑스 수학자 프랑수아 비에타는 원주율이 일정한 법칙에 따라 끝없이 계산할 수 있는 수라는 것을 증명했다. 일본에서도 18세기 에도시대에 세키 다카카즈(10자리), 가마타 도시키요(25자리), 다케베 가타히로(41자리), 마쓰나가 요시스케(50자리) 등이 경쟁하듯 원주율 계산에 도전했다.

　그렇다면 우리 주변에서는 어디에 '원이' 감춰져 있을까?

　지구나 천체의 운동, 동전, 자전거 바퀴, 공…… 이 모든 소중한 것에는 원이 감춰져 있다. 그래서 세계는 원을 끊임없이 탐구해왔다.

2001년에 도쿄대학의 가네다 그룹은 최초로 1조 자리까지 원주율을 구했다.

'π=3.14159265358979323846264338 3279……'

무한히 이어지는 이 수의 정체는 아직까지 밝혀지지 않았다. 앞으로도 인류는 원과 함께 살아가며 '원의 수수께끼'를 풀기 위해 도전을 멈추지 않을 것이다.

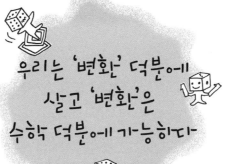

우리 생활은 '변환'으로 가득차 있다

'1000원=1달러'와 같은 원화와 달러의 환율은 한국과 미국, 두 나라 간의 돈 가치를 환산해서 비율로 나타낸 것이다. 그리고 '꽁치 1마리=900원'과 같은 가격은 물건과 서비스의 가치를 그 나라의 통화로 환산한 지표다.

즉, 경제는 '변환'으로 이루어졌다고 할 수 있다.

이번에는 다른 분야를 예로 들어보자. 산과 알칼리를 섞으면 물과 염(salt)이 생긴다. 이 염은 우리가 살아가는 데 꼭 필요한 물질이다. 이러한 중화반응을 가리켜 물질 간의 '변환'이라고 한다.

좀더 깊이 살펴보면 발효 또한 변환이라 할 수 있다. 술도 효모 균이 유기화합물을 산화시켜 알코올을 만드는 것이니 미생물이 관여된 변환이 아니겠는가. 술뿐만 아니라 요구르트, 청국장, 김 치 등 변환으로 만들어진 다양한 발효식품이 있기에 우리의 식 생활이 풍요로워진다.

에너지 자원도 '변환'으로 생기는 일이다. 수력발전, 풍력발전, 바이오매스발전, 태양광발전 등으로 만들어진 전기 에너지는 모 두 태양 에너지가 변환된 것이다.

태양과 컴퓨터의 공통점

태양에서는 수소가 헬륨으로 변환되는 핵융합반응으로 에너지 가 만들어진다. 즉 핵융합반응은 질량이 막대한 에너지에 변환되 는 반응인 것이다.

1905년에 물리학자 아인슈타인이 공식 '$E=mc^2$'을 발견하면서 이 에너지를 계산할 수 있게 되었다. 아인슈타인은 '질량 m(kg)' 이 '에너지 E(J)'로 변환되는 것을 나타냈다.

이와 같이 경제, 화학, 생물, 물리의 세계에서는 다양한 '변환' 을 발견할 수 있으며 경제학, 화학, 생물학, 물리학과 같은 학문 은 각 대상 간의 '변환 구조'를 찾는 것이라 할 수 있다.

에너지도 '변환'을 통해 생긴다.

100 JAHRE RELATIVITÄT - ATOME - QUANTEN

55

$E = mc^2$

ALBERT EINSTEIN

DEUTSCHLAND

2005

'특수 상대성이론' 발표 100주년을 기념해 독일에서 발행된 우표.
아인슈타인은 특수 상대성이론에서 질량이 에너지로, 에너지가 질량으로 변환될
수 있다는 이론을 전개했다.

우리는 대상의 '양'이 '수'로 변환되었을 때 비로소 확실하게
그것을 이해하게 된다. 그 양을 측정하여 수로 나타내야 그 양을
정확히 알 수 있다는 말이다. 그렇기에 수학은 위에서 말한 학문
들에 있어서는 없어서는 안 되는 존재다.

사람에게는 열 개의 손가락이 있다. 그 열 개의 손가락과 수를
사용해 물건을 셈으로써 지금까지 문명을 발전시킬 수 있었다.

하지만 셈을 하는 행동은 이제 전자계산기가 대신하고 있다.
컴퓨터라고 불리는 기계는 끊임없이 '0과 1'을 세는 작업만 한다.
이러한 고속 작업 덕택에 우리는 정보가 수로 변환되는 것을 느

낄 틈조차 없이 방대한 정보를 접할 수 있는 것이다. 'IT'는 멀티미디어(문자 정보, 영상 정보, 음악 정보 등)를 모두 '0과 1'이라는 수로 변환한다.

이렇듯 대부분의 '변환'은 사람들의 눈에 띄지 않게 조용히, 하지만 흐트러짐 하나 없이 정확하게 이루어지고 있다. 그 '변환'이 밑거름이 되어 우리의 생활이 유지되고 있으니 마땅히 '변환'에 감사해야 할 것이다.

'미터'는
프랑스 혁명 중에
탄생했다

단위는 어떻게 결정될까

'1m'나 '1kg'의 미터나 킬로그램을 '단위'라고 한다. 일상생활은 이 단위를 빼놓고서는 생각할 수 없다.

시간, 길이, 무게 등을 양을 재고 그 양을 공유함으로써 생활을 지속시킬 수 있다는 사실은 모두 이해하고 있을 것이다.

양은 수와 단위로 이루어진다. 즉 '양=수×단위'다. '×' 기호를 생략해 '3m' '5kg'과 같이 표기한다. 인간은 사회에서 여러 사람과 함께 살아가기 위해 수와 단위를 빌명했다.

이렇듯 지금 사용하는 편리한 수와 단위는 처음부터 있었던 것이 아니라 노력 끝에 얻은 소중한 보물인 셈이다.

'미터'는 프랑스 혁명 중에 탄생했다. 당시 혁명 정부는 국경을 확정하기 위해 자신들의 나라를 측량하면서 앞으로도 세계에서 공통적으로 사용할 단위의 필요성을 느꼈다. 그래서 만들어진 것이 공통 단위인 '미터'다.

새로운 단위는 지구의 모든 사람이 인정하는 보편적인 규칙을 가지고 정해야 했기에 지구를 기준으로 삼았다. 그것이 '북극에서 적도까지 이르는 자오선 길이의 1만분의 1'이다. 여기에 프랑스에서 스페인까지의 거리를 삼각측량을 거듭해 정밀도를 높였다.

반복되는 측량은 측량사의 목숨을 대가로 치러야 하는 어려운 일이었다. 여러 번 시행착오를 겪은 프랑스는 1795년 마침내 '미터법'을 완성했다. 그 후 유럽 각국에서 '미터 조약'을 체결한 것이 1875년이다. 프랑스가 정식으로 미터의 길이를 정하고 80년이 지나서야 세계 기준이 된 것이다.

그리고 1889년에 제1회 국제도량형총회에서 순백금제의 표준 미터원기(1m의 길이를 나타내는 자)가 확정되었고 현재는 프랑스 국제도량형국에서 미터원기가 보관되어 있다.

진화를 거듭한 '미터'

현재 미터의 정의는 지구 자오선의 길이를 바탕으로 한 것에서 '빛이 진공 상태에서 2억9979만2458분의 1초 동안 진행한 거리'로 바뀌었다.

미터법이 탄생했을 때, 세계 공통단위는 네 개뿐이었지만 현재 국제단위계(SI)의 기본 단위는 길이(m), 질량(kg), 시간(s), 전류(A), 열역학적 온도(K), 물질량(mol), 광도(cd)로 7개다.

또 시간의 단위 '초'는 현재 '절대온도 0도에서 세슘-133 원자의 바닥 상태(6S1/2)에 있는 두 개의 초미세 에너지준위(F=4, F=3)의 주파수 차이를 9,192,631,770Hz로 정의하고, 그 역수를

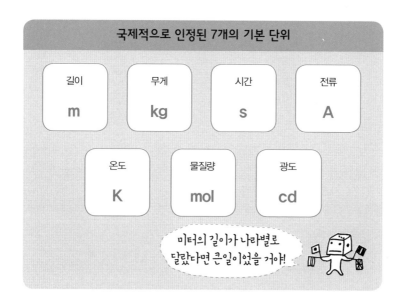

국제적으로 인정된 7개의 기본 단위

길이	무게	시간	전류
m	**kg**	**s**	**A**

온도	물질량	광도
K	**mol**	**cd**

미터의 길이가 나라별로 달랐다면 큰일이었을 거야!

통해 측정한 시간'으로 정의된다. 새로운 미터의 정의는 원자시계가 발명되어 시계의 정밀도가 비약적으로 높아져 변경되었다.

이렇듯 단위는 '보다 정밀도를 높이는 것'이 숙명이다.

'수'와 '단위'를 사용해 '양'을 표시하는 한, 단위의 정밀도를 높이려는 노력은 끝나지 않을 것이다. 인류는 앞으로도 '수' 그리고 '단위'와 함께 발전해야 한다.

현재의 단위에 대해 안다는 것은 인류 발전의 역사를 아는 것과 같다. 앞으로도 문명이 발전할 때마다 그 증거로 '새로운 단위'의 정의가 등장할 것이다.

내비게이션에는
수학과 컴퓨터의
기능이 가득하다

천문학과 인류의 바람

다양한 기술의 발전으로 일상생활이 예전에는 상상도 못할 만큼 편해졌다. 자동차의 내비게이션은 그 대표적인 예라고 할 수 있다. 자동차를 탄 사람이 모르는 장소에서 길을 찾을 수 있도록 안내해주는 이 장치는 여러 과학의 힘이 합해져 발명된 것이다.

인류는 태곳적부터 자신이 있는 곳을 알려고 애써왔다. 그래서 하늘에 빛나는 별을 관측하고 정밀도가 높은 시계를 이용해 '지구 위에 자신이 어디에 있는지를 아는 학문, 즉 천문학'을 발전시켰다.

현대의 내비게이션은 전 지구 단위의 시스템 GPS(Global Positioning System)을 응용한 대표적인 예로, 예나 지금이나 인간은 자신의 위치를 알려 한다는 것을 보여주는 좋은 증거다. 비록 하늘에 빛나는 별은 인공위성으로, 정밀도 높은 시계는 기계식 시계에서 원자시계로 바뀌었지만 근본은 같다.

이러한 인공위성과 원자시계를 잇는 기계 기술 또한 컴퓨터 덕분에 실현된 것이다.

천문학은, 지구 위에 자신이 어디에 있는지를 알 수 있는 학문이다

농업과 항해에도 천문학이 필요하네.

자동차 내비게이션은 어떻게 작동할까

왜 내비게이션에는 '0과 1'이라는 두 개의 수를 매 초당 수억 번

씩 고속으로 계산하는 컴퓨터가 탑재되어 있을까? 자동차에 탑재된 내비게이션에는 안테나가 부착되어 있다. 이것이 인공위성에서 오는 전파를 수신한다.

이때 기하학의 지식이 응용된다. 인공위성은 탑재된 원자시계의 정보를 전파신호를 통해 이곳저곳으로 뿌린다. 큰 투명 공의 중심에 인공위성이 있다고 생각해보자. 여기서 인공위성은 전 방향으로 전파를 내보낸다. 이때 인공위성에서 나온 전파신호를 지상의 내비게이션 안테나가 받으면 인공위성까지의 거리를 알 수 있다.

여기에 또 다른 인공위성에서 전파신호를 받으면 자신이 있는 지점에서 두 인공위성까지의 거리를 알 수 있다. 즉, 투명 공이 서로 만나는 지점을 찾을 수 있는데 이 점의 위도와 경도를 가지고 내비게이션의 위치를 지정하는 것이다. 이때 만나는 지점은 여러 곳이 된다.

추가로 다른 인공위성에서 전파신호를 받으면 세 개의 전파가 만나 두 지점으로 압축된다. 앞의 두 개의 공에 세 번째 공이 겹쳐지기 때문에 두 점까지 좁혀지게 되고 그것을 통해 현재의 위치를 알 수 있는 것이다.

여기에 한 개를 더하여, 즉 제4의 인공위성에서 전파를 받으면 지상의 한 지점까지 위치를 추정할 수 있다.

내비게이션을 뒷받침하는 상대성이론

$$(x-a)^2+(y-b)^2+(z-c)^2=r^2$$

인공위성에서 받은 전파가 만드는 구면은 위와 같은 방정식으로 나타낸다. '점(a, b, c)'는 구의 중심, 'r'은 구의 반경 그리고 '좌표(x, y, z)'가 내비게이션의 장소를 나타낸다.

네 개의 인공위성이 이 방정식을 사용해 연립방정식을 만든다. 그리고 컴퓨터가 이 연립방정식을 풀어 자동차의 위치를 알아낸다. 그뿐만 아니라 내비게이션에는 경로검색 기능이 있는데, 이때 '4색 문제'의 그래프 이론이 응용된다.

이외에도 컴퓨터그래픽을 사용해 지도를 입체적으로 표시하는 시스템 등 내비게이션에는 수학과 컴퓨터를 활용한 기능이 가득하다.

내비게이션에서 가장 중요한 점은 뭐니뭐니해도 '정밀도'다. 이때 정밀도(내비게이션 오차 10m 이내)를 보증하는 것이 상대성이론이다.

이렇듯 오늘날 드라이브를 즐길 수 있는 것은 '아인슈타인이 조용히 모두의 등을 밀어주기 때문'이다.

여러 과학 기술과 수학이 인류가 고대부터 꿈꿔왔던 것을 실현시켰다.

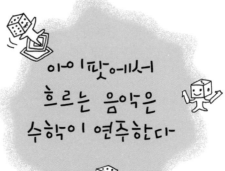

1초의 음을 4만 개 이상으로 나눈다?

현재는 디지털로 누구나 편리하게 음악과 영상을 녹화하거나 녹음해서 편집하여 널리 공유할 수 있다.

아이팟으로 들을 수 있는 MP3파일처럼 인터넷을 통한 디지털 파일 배포는 CD나 DVD와 같은 '물건'을 과거의 유산으로 만들어버렸다. 이것은 모두 디지털이 만든 마법이다.

디지털이란 '손가락을 접으며 세는 행동'에서 유래한 단어다. 인류가 열 개의 손가락으로 '십진법'이라는 수를 세는 방법을 만들었듯이 '0과 1'만 사용하는 컴퓨터로 만든 디지털 음악은 '이진법'을 사용한다.

음악이란 음의 집합인데 여기서 음은 파동을 말한다. 이는 연속적으로 변하는 특징이 있는데 옛날에는 이 파동을 물리적으로 직접 레코드판에 새겼다. 그것이 바로 아날로그 레코드다.

그럼 아날로그였던 음악을 어떻게 디지털 기기를 통해 들을 수 있게 되었을까?

그 변화의 핵심에는 수학이 있다. 아날로그를 디지털로 변환시키는 것을 'AD 변환(아날로그 디지털 변환)'이라고 하는데, 여기서 포인트는 '분할'이다. 먼저 음악은 마이크를 통해 전기신호(아날로그 신호)로 변환된다. 그 다음 시간축과 음량(전압)을 두 개로 나눠야 하는데, 시간축은 1초를 4만4100개로 나눠서 음의 크기(전압)를 측정한다. 이를 샘플링이라고 한다.

샘플링된 음(전압)을 얼마나 정확하게 읽을 수 있을까? 여기서 양전화라고 불리는 분할이 필요하다.

음악 CD는 기본적으로 '16비트'다. 그래서 '2^{16}(=65536) 분할'로 전압을 수치화(디지털화)하는데 이를 '44.1킬로헤르츠(kHz)' 또는 '16비트 샘플링' 등으로 부른다.

CD는 알루미늄의 박막에 홈을 파서 '0과 1', 즉, 이진수의 디지털 데이터를 기록한 것이다. 다시 말해서, CD에는 4만4100분의 1초마다 '16비트'로 양전화된 값이 이진수로 기록된다.

참고로 이 약속은 네덜란드의 가전업체 필립스와 일본의 가전업체 소니가 정한 것이다.

CD에 깃든 프랑스 혁명의 숨결

CD를 재생하면 디지털(이진수 값)을 아날로그(파동)로 변환하는 'DA 변환(디지털 아날로그 변환)'이 이루어진다. 여기에는 프랑스 혁명의 숨결이 깃들어 있다.

조제프 푸리에(Jean Baptiste Joseph Baron de Fourier, 1768~1830)는 나폴레옹의 이집트 원정에도 동행했을 만큼 큰 신임을 얻는 수학자였다. 그는 열전도 연구부터 일반 파동의 분석 방법까지 다방면으로 연구하다가 '푸리에 변환'이라는 혁명적인 이론을 제창함으로써 역사에 길이 이름을 남겼다. CD의 디지털 데이터를 아날로그 파동으로 바꾸기 위한 이론이 바로 '이산 푸리에 변환(DFT, discrete Fourier transform)'이다.

컴퓨터가 고속으로 계산해 디지털에서 파동(음)이 복원되는 방법으로, 즉 현대 디지털 음악에는 통주저음(通奏低音, 17~18세기 유럽 음악에서 건반 악기의 연주자가 주어진 저음 외에 즉흥적으로 화음을 곁들이면서 반주 성부를 완성시키는 기법)이라 할 수 있는 수학적 선율이 근저에 흐르고 있다.

이렇듯 '손가락을 접으며 수를 세는 행동'을 하던 과거에서부터 프랑스 혁명 시대의 푸리에를 거쳐 현대에 이르기까지 수학은 기나긴 발전을 거쳐왔다. 여러분도 CD를 들을 때 이 '아득한 수학적 선율'을 느껴보는 것이 어떨까?

원주율 계산으로 세계적인 업적을 남긴 천재 수학자

다케베 가타히로(1664~1739)는 일본 에도시대의 천재 수학자다.
그는 스물한 살에 당시를 대표하는 수학자 세키 다카카즈의 제
자가 되어 에도 막부의 3대에 걸친 쇼군을 모셨다. 또한 원주율
계산으로 세계적인 업적을 남긴 깃으로도 유명하다.

그는 1722년에 쇼군 요시무네의 요청으로 쓴 책『데슈츠산계
(綴術算経)』에 이런 말을 남겼다.

"산수에는 마음이 있고, 그 마음을 따를 때 편안함을 느낀다.
하지만 그렇지 않을 때는 힘들다."

수학의 마음을 따를 때 편안하다

나는 처음 이 말을 접했을 때 '과연 그랬구나!'라는 생각에 무척이나 기뻤다.

나 역시 오랫동안 수학을 배우면서 수학은 살아 있다고 느꼈다. 수학에는 '마음'이 있다고 단언한 다케베는 이미 그런 사실을 마음속 깊이 확신했던 것이다.

이렇듯 수학은 오랜 시간을 거쳐 크게 발전했고 진화를 거듭하고 있다. 이는 인류가 수학의 마음을 따라감으로써 편안함을 얻었다는 증거다.

원주율 계산으로 세계적인 업적을 남긴 다케베 가타히로의 저서

* 『하츠비산호엔단센가이(発微算法演段諺解)』(와산연구소 소장)

목수의 도구에 담긴 수학의 마음

'백은비(白銀比)'란 '1:√2(약 1.4)'의 비율을 뜻한다. 황금비와 마찬가지로 닮은꼴을 만들며 건축과 깊은 관계가 있다.

예를 들어 통나무를 효율적으로 잘라 만든 목재의 단면은 정사각형이다. 목수는 L자 모양의 곱자를 사용해 통나무에서 나올 수 있는 목재 한 변의 길이를 순간적으로 파악한다. 이는 곱자에, 한 변의 길이를 한눈에 알 수 있는 각눈[角目]이라는 눈금이 그려져 있기 때문이다.

옆 페이지 그림상자 안의 왼쪽 그림을 보자. 통나무의 지름은

자를 목재 단면(정사각형)의 대각선이다. 이는 피타고라스 정리에 따라 정사각형의 한 변의 길이를 '$\sqrt{2}$(백은비)'로 곱한 값이 된다.

따라서 각눈에는 일반 눈금을 백은비로 곱한 간격이 그려져 있다. 곱자를 활용한 예는 일본의 신사 건축에서 볼 수 있다. 말하자면 신사는 여러 곱자의 활약으로 만들어진 것이다. 목수가 천 년 전부터 애용한 도구 중 하나인 곱자의 백은비. 이렇듯 수학은 건축을 뒷받침하며 우리 곁에 함께 있어왔다.

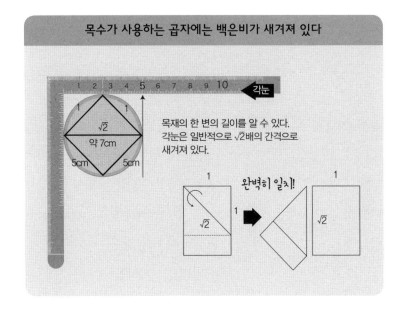

목수가 사용하는 곱자에는 백은비가 새겨져 있다

각눈

목재의 한 변의 길이를 알 수 있다.
각눈은 일반적으로 $\sqrt{2}$배의 간격으로 새겨져 있다.

완벽히 일치!

음의 아름다움을
수에서 발견한
피타고라스

음의 비밀도 수로 밝힌다

도레미파솔라시도의 음계는 음률이라는 규칙으로 정해진 것이다.

옛날 옛적에 피타고라스는 대장간에서 들리는 다양한 망치 소리를 듣다가 특히 조화롭게 들리는 음(협화음)이 있다는 것을 깨달았다. 그는 그것이 망치의 무게와 관계가 있다는 사실을 밝히고 협화음 간에 숨겨진 규칙을 자연수를 사용해 나타냈다.

다음의 그림을 보자.

피타고라스가 발견한 협화음의 관계를 현악기의 현 길이로 표현했다.

두 개의 음은 특정 비율로 놓았을 때 조화를 이룬다.

실제로 어울리는 도와 솔의 비율을 살펴보면, 도는 '3', 솔은 '2'다. 피타고라스는 이와 같이 '3:2'의 비율로 어울리는 음을 이어가보면 도→솔→레→라→미→시→파→도가 되며, 도레미파솔라시도를 사용해 어울리는 음을 만들 수 있다는 사실도 밝혀졌다.

이를 '피타고라스 음률'이라고 부르는데 잘 활용하면 아름다운 선율의 음악을 빚어낼 수 있다.

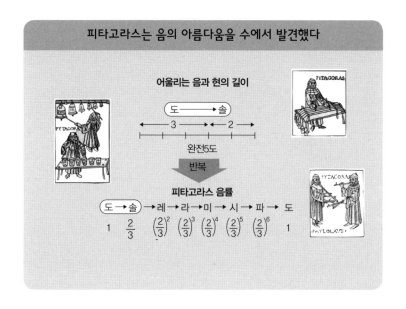

만물은 수로 이루어져 있다

이렇게 수를 통해 서로 어울리는 음을 찾게 된 것도 음정이라는 음의 높이를 수로 바꿀 수 있기 때문이다.

아마도 피타고라스는 협화음의 배경에 아름답게 조화를 이루는 자연수가 있다는 사실을 발견하고는 매우 놀랐을 것이다. 그래서 "만물은 수로 이루어져 있다."라는 말을 남겼던 것이 아닐까? 그렇게 생각하면 저절로 고개가 끄덕여진다. 어쩌면 음에 감동한 우리의 마음은 동시에 수의 마음과도 공명하는지 모른다.

천문학적인 수를 계산하는 획기적인 방법, 로그

대항해 시대, 천문학자의 고민을 해결한 수학자

16세기 유럽은 저마다 바닷길을 이용해 신대륙 탐험에 나선 대항해 시대였다. 당시 뱃사람에게 중요했던 것은 현재의 위치를 별의 움직임으로 알아내는 일이었다. 말하자면 천문학은 항해에 빼놓을 수 없는 중요한 학문이었던 셈이다.

그러니 별의 움직임을 기록해 달력을 만드는 천문학자는 그야말로 사회적 사명을 가졌다고 해도 과언이 아니었다. 그들은 문자 그대로 '천문학적'인 수를 가지고 복잡한 계산을 해내야 했으니 말이다.

이를 해결한 사람이 바로 스코틀랜드의 귀족 출신인 수학자 존 네이피어(John Napier, 1550~1617)다. 그는 에든버러 머키스턴 성의 성주로 지내면서 수학에도 관심을 가졌던 인물이다.

그는 이 난제를 해결하기 위해 획기적인 계산법을 만들었는데 44세에 시작한 그의 계산 작업은 놀랍게도 20년이 지난 1614년에야 완성되었다.

19세기 프랑스의 대수학자이자 천문학자인 피에르 시몽 라플라스(Pierre-Simon Laplace, 1749~1827)는 이런 네이피어의 업적을 기리며 "천문학자의 수명을 늘렸다."고 극찬했다.

복잡한 천문학 계산은 대수로 간단해졌다

대수는 천문학자의 수명을 두 배로 늘렸다!

존 네이피어   피에르 시몽 라플라스

천문학적 계산을 돕는 '대수'

네이피어가 다다른 것은 곱셈을 덧셈으로 바꾸는 '대수(對數)'라는 계산법이었다. 바로 로그(log)를 창안한 것이다. 이는 그때까지 그 누구도 생각하지 못했던 발견으로 이 방법을 통해 큰 수끼리의 곱셈도 쉽게 계산할 수 있게 되었다.

비록 그의 주변 사람들은 난해한 이론을 바탕으로 한 이 아이디어를 이해하지 못했지만, 곧 그 중요성을 깨달은 사람이 나타났다. 네이피어의 아이디어에 충격을 받은 헨리 브리그스(Henry Briggs)라는 천문학자였다. 네이피어의 뜻은 브리그스에게 계승되었으며 그의 손을 통해 명확해진 대수는 천문학적으로 방대한 계산을 간단하게 만드는 데 공헌했다.

설령 네이피어의 이름이 잊힌다고 해도 천문학자뿐만 아니라 계산을 필요로 하는 모든 사람을 구한 대수는 앞으로도 살아남을 것이다.

우주가 입고 있는 우아한 옷, 방정식

빛과 나침반에 관심이 많았던 아인슈타인

아인슈타인(1879~1955)만큼 방정식에 매혹된 과학자는 없었다. 동시에 그만큼 방정식의 매력을 가르치려 애쓴 과학자도 없을 것이다.

소년 시절부터 빛과 방위지석, 즉 나침반에 유난히 관심을 가졌던 아인슈타인. 그의 시선은 삼라만상에 존재하는 핵심을 향해 있었다. 별이 빛나는 것, 기관차가 달리는 것, 생명이 따뜻한 것……. 이 모든 것의 뒤에는 공통적으로 에너지가 있었다. 비록 인류는 오랫동안 이 사실을 알지 못했지만 말이다.

우주를 이해하게 되는 수식

1905년, 청년 아인슈타인은 빛을 절대적인 존재로 삼아 시간과 공간과 물질의 관계를 생각하기에 이른다. 이윽고 그는 유명한 '특수 상대성이론'을 생각해낸다. 에너지(E)는 질량(m)과 빛의 속도(c)로 표현된다는 공식이다. '에너지란 무엇인가?'라는 심오한 주제가 $E=mc^2$이라는 단 한 줄의 방정식으로 표현된 것이다!

아마도 이때 아인슈타인은 무척 놀랐으리라. 그가 느낀 감동은 "내가 영원히 이해하지 못하는 것은, 어떻게 우리가 우주를 이해할 수 있는가이다."라는 그의 말에서도 잘 드러난다. 물론 수학은 물리학을 위해 생긴 학문은 아니지만 서로 잘 맞는 파트너이며 아인슈타인 역시 이러한 사실을 잘 알고 있었다.

사실 고교 시절의 아인슈타인은 특별히 수학 성적이 좋지는 않았다. 나중에 물리학자가 되고 나서야 수학의 위력을 깨달았을 정도다. 아마도 그제야 우주가 이렇게나 우아한 옷, 즉 방정식을 입고 있었다는 사실을 깨닫고 무척 감탄하지 않았을까?

현대 수학으로도
밝힐 수 없는
과제를 남긴
수학자 오일러

'제타 함수'의 발견

비단 수학뿐만 아니라 물리학과 천문학, 철학, 건축에 이르기까지 다양한 학문을 연구했던 수학자 겸 물리학자 레온하르트 오일러(Leonhard Euler). 그는 1707년에 스위스에서 태어났다.

본래 유년 시절부터 공부에 두각을 나타냈는데 특히 남들과 비교할 수 없는 언어능력과 암기력 그리고 계산력과 암산력을 지닌 인물이었다. 심지어 14세에 스위스의 명문 대학인 바젤대학교(Universität Basel, 스위스의 공립 대학교로 1459년에 설립된 스위스에서 가장 오래된 대학)에 입학해 신학과 히브리어를 배웠을 정도다. 거기서 유명한 수학자 요한 베르누이(Johann Bernoulli, 1667~1748, 수학자이자 통계학자, 야곱 베르누이의 동생)를 만나 수학자의 길을 걷게 된다.

27세가 된 오일러는 스승으로 우러러보던 야곱 베르누이(Jakob Bernoulli, 1654~1705)조차 풀지 못했던 난제 '바젤의 문제'를 풀어 보였다. 자세한 설명은 생략하지만, 이것이 무한한 자연수를 더하는 '제타 함수'의 발견으로 이어졌다. 바로 뛰어난 계산력과 통찰력 그리고 모험심이 이루어낸 위업이었다.

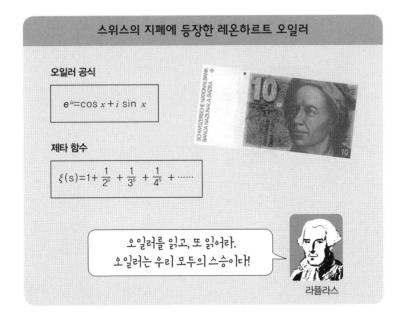

스위스의 지폐에 등장한 레온하르트 오일러

오일러 공식

$$e^{ix} = \cos x + i \sin x$$

제타 함수

$$\xi(s) = 1 + \frac{1}{2^s} + \frac{1}{3^s} + \frac{1}{4^s} + \cdots\cdots$$

오일러를 읽고, 또 읽어라.
오일러는 우리 모두의 스승이다!

라플라스

시력을 잃고도 멈추지 않는, 무한을 향한 도전

오일러는 63세에 두 눈의 시력을 잃었고 부인과도 사별했다. 그래도 그는 무한을 향한 도전을 멈추지 않았다. 마음의 눈으로 수를 바라봤던 것이다. 하지만 그의 계산여행에도 끝은 찾아왔다.

1783년, 펜을 움직이던 그의 손이 멈췄다. 76세였다. 그의 제타 함수는 현대 수학으로도 전부 밝힐 수 없는 커다란 과제로 남아 있다. 실로 계산하는 마음가짐의 훌륭함을 보여주는 예가 아닐 수 없다.

원주율 π를 향한 도전

3.14는 유명한 수다. 그렇다, 원주율 π다. 정확한 값은 3.141592653589793238462643……으로 끝이 없다. 이렇듯 원은 매우 단순한 모양이지만, 원에 숨은 π라는 수는 우리의 상상을 뛰어넘는 깊이를 갖고 있다.

　π의 정확한 값을 탐구하는 일은 4천 년 전에 시작되었다. 기원전 2000년경에 이집트에서 약 3.14로 표기했고, 기원전 3세기에는 그리스의 아르키메데스기 약 7분의 22(3.142)로 계산했다. 5세기에 들어와서는 중국 남북조시대의 천문학자이자 수학자 조

충지(祖沖之, 429~500)가 약 113분의 355(3.141592)라고 밝혔고, 18세기에는 일본의 다케베 가타히로가 소수점 이하 41자리까지 계산했다. 그야말로 시대를 초월해 전 세계에서 끊임없이 계산되었던 것이다.

그리고 20세기에 들어와 컴퓨터가 등장하면서 계산 경쟁이 과열되어 2002년에는 1조 자리까지 도달했다. 이런 흐름은 수학의 발전을 여실히 보여준다.

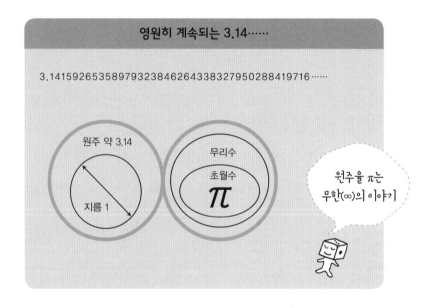

영원히 계속되는 3.14……

3.141592653589793238462643383279502880419716……

원주 약 3.14

지름 1

무리수
초월수
π

원주율 π는
무한(∞)의 이야기

π는 무리수이자 초월수

수학은 이후로도 계속 발전하여 1767년, π가 무한이며 순환하지 않는 '무리수'인 것을 밝혔다. 이에 더해 1882년, 방정식의 해답으로는 나타낼 수 없는 '초월수'라는 것도 증명되었다.

우리를 '무한'이라는 끝없는 세계로 이끈 π. π는 현재에도 밝혀지지 않은 네버엔딩 스토리를 품고 있다. 인류는 앞으로도 π와 함께 발전해나갈 것이다.

무한에도
대소가 있다?

자연수와 짝수 중 어느 것이 더 많을까

1, 2, 3……으로 자연수는 무한히 이어진다. 그중에는 짝수도 포함되어 있는데, 자연수와 짝수 중 어느 것이 더 많을까?

많은 사람이 "당연히 자연수지."라고 대답할 것이다.

확실히 10까지의 자연수민 보아도 짝수는 그깃의 반인 5개다. 하지만 자연수를 '무한'하다고 생각하면 짝수는 반 정도가 아니라 자연수만큼 있다고 할 수 있다. 이렇듯 '무한'의 세계는 매우 깊다.

작은 무한과 큰 무한

자연수의 무한은 말하자면 '작은 무한'이다. 그리고 '큰 무한'이 있다는 것이 19세기 후반에 증명되었다. 이에 대해 간단히 설명하자면, 먼저 수직선 상의 점을 생각해보자.

점을 가득 찍으면 직선이 생기는데, 무한히 늘어선 자연수로만 점을 찍으면 직선에 군데군데 틈이 생긴다. 여기에 유리수(분수)를 무한히 더해도 틈을 메울 수는 없다.

더욱 '큰 무한'의 점을 가득 찍어야만 겨우 틈이 메워진다.

즉, 실수는 자연수와 유리수보다도 '큰 무한'을 갖고 있다. '큰 무한'을 가진 것에는 앞에서 소개한 원주율 π와 같은 '초월수'가

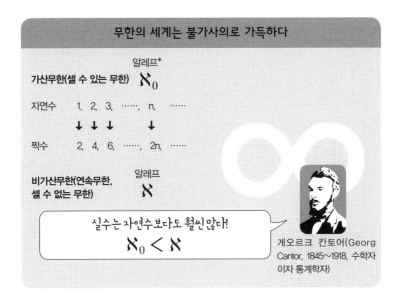

무한의 세계는 불가사의로 가득하다

가산무한(셀 수 있는 무한) 알레프* $\aleph_0$

자연수 1, 2, 3, ……, n, ……

짝수 2, 4, 6, ……, 2n, ……

비가산무한(연속무한, 셀 수 없는 무한) 알레프 $\aleph$

실수는 자연수보다도 훨씬 많다!

$\aleph_0 < \aleph$

게오르크 칸토어(Georg Cantor, 1845~1918, 수학자 이자 통계학자)

있다.

우리가 알고 있는 수는 수 전체의 극히 일부에 지나지 않는다. 압도적으로 많은 초월수를 거의 알지 못한다. 수의 세계는 아무리 파고들어도 알 수 없는 불가사의한 원더랜드다.

---

* 알레프 수 : 무한집합의 크기를 순서대로 배열한 기수로, 히브리 문자 알레프($\aleph$)를 사용하여 나타낸다. 자연수 집합의 크기를 알레프 0($\aleph_0$)으로 나타내고, 그다음으로 큰 집합의 크기를 $\aleph_1$, $\aleph_2$와 같이 붙인다. 이러한 개념은 게오르크 칸토어가 처음으로 생각해냈으며, 칸토어는 무한집합들 사이에도 서로 크기가 다를 수 있다는 것을 밝혀냈다.

3장

아름답고 로맨틱한
수학의 세계

수는 살아 있다

우주의 삼라만상은 시간의 흐름 속에서 존재한다. 그러나 수의
세계에는 시간이 없다. 수는 그 시간의 흐름을 초월해 존재한다.
'1'은 언제나 변함없이 '1'이다.

그럼에도 우리가 '어쩌면' 하고 생각하는 것이 있다. 바로 수의
세계에 우리가 느낄 수 없는 독자적인 시간이 흐르지 않을까 하
는 생각이다.

왜 이런 생각을 하게 되는 걸까?

이는 우리가 '수는 살아 있다.'라고 생각하기 때문이다. 실제로

생명이 있는 것은 리듬을 갖듯이 수도 리듬을 갖고 있다. 즉, 수에도 '생명의 약동'이 있는 것이다. 수천 년 동안 수학이 발전한 역사가 이를 증명해준다.

이처럼 수는 여러 세계에서 살아가면서 그 세계에 흐르는 시간 속에도 존재해왔다. 보이지 않아도 확실히 존재하는 수와 그 세계에 흐르는 시간이 있는 것이다.

'100'은 '많음'을 뜻한다

'100'은 '많다, 크다'라는 의미로 사용된다. '백미(百味)' '백선(百選)' '백과사전'과 같은 단어에 쓰인 '백'자도 그런 의미를 나타낸다. 그러나 수가 많은 것으로 치면 '1000(천)'과 '10000(만)'이 더 크다.

그러나 '천미' '천선' '천과사전'이라고 말하지 않는다. 또한 '1부터 10까지'의 10은 처음부터 끝이라는, 즉 최후라는 의미로 사용되지만 '십과사전'은 어쩐지 어색하다.

100은 10보다도 '세밀한' 수다. 전체를 나눌 때도 백분율(퍼센트)을 사용한다. 요컨대 100에는 '100%=1(모두)'이라는 뉘앙스도 포함되어 있는 것이다.

그렇게 생각하면 백미, 백선, 백과사전은 '모든 것을 망라했다.'라는 의미도 지닌다고 볼 수 있다.

18세기 독일의 천재 수학 소년, 가우스

지금으로부터 200년 전, 한 독일의 초등학교 선생님은 교실에 있는 학생들에게 물었다.

"1부터 100까지 자연수를 다 더하면 몇일까?"

1부터 10까지는 계산하기 어렵지 않다. 그래서 선생님도 100까지면 적당하다고 생각했을 것이다. 학생들도 열심히 계산하기 시작했다.

'1+2+3+……'으로 순서대로 100까지 쓰면서 점점 큰 수를 더해갈 요량이었다. 그러나 한 학생만은 모두와 다른 방법으로 계산을 해나갔다.

이 소년이 바로 수학의 역사에서 찬연히 빛나는 카를 프리드리히 가우스(J. Carl Friedrich Gauss)다. 소년 가우스는 1부터 100까지 더하는 계산이 그다지 어렵지 않다고 생각했을 것이다. 그러나 반 친구들처럼 '1+2+3……'과 같이 모두 더해 나가는 방법은 계산의 명수인 그에게 너무도 재미없는 작업이었다. 뭔가 재미있고 기발한 방법이 없을까 곰곰이 생각하던 가우스는 마침내 새로운 계산법을 개발해냈다.

고통스런 계산 끝에는 감동적인 수학의 세계가 있다

수학자 가우스는 1777년, 독일에서 태어났다. 그는 세 살 때 아버지의 계산이 틀린 것을 지적할 만큼 천재적인 수학적 재능을 지니고 있었다. 실제로 가우스는 이렇게 말했다.

"나는 말을 하기 전에 수 세는 법을 먼저 배웠다."

가우스는 열 살 때 학교 선생님이 "절대 풀지 못할 것이다."라며 내준 연속하는 수의 덧셈 문제를 순식간에 풀었다. 놀란 선생님은 "나는 이 아이에게 가르칠 것이 없다."라고 말하며 수학 전문서를 건넸다.

수학 천재 가우스의 소문은 마을 전체로 퍼졌다. 열다섯 살 때 가우스는 소수를 보면서 자는 습관을 들였다. 그리고 '소수정리'라고 불리는 아름다운 정리를 추론했다.

그 후, 언어학을 배운 가우스는 열여덟 살에 수학자가 될 것인지, 아니면 언어학자가 될 것인지 진로를 고민했다. 그런 그의 앞에 나타난 것이 '정십칠각형을 자와 컴퍼스만으로 그리는 방법'에 관한 문제였다.

이는 과거 2천 년간 누구도 풀지 못한 난제로 가우스는 자나깨나 이 문제를 풀려고 애썼다. 그러면서 '만약 내가 이 문제를 그 누구보다도 빨리 푼다면 수학자가 될 것이다.'라고 마음속으로 결심했다.

마침내 가우스가 수학자가 되는 운명의 시간이 찾아왔다. 1796년 어느 날 아침, 눈을 뜬 가우스의 머릿속에 이 문제의 해답이 떠올랐다. 그렇게 난제를 푼 가우스는 수학자가 되기로 마음먹는다.

실로 천직을 만난 가우스는 그 후로도 승승장구했다.

정수론, 대수학, 복소수 등 미지의 수학세계를 혼자서 뚫고 나갔으며 괴팅겐 천문대장이 되어 천문학 연구도 시작했다. 그리고 계산을 통해 소행성의 존재를 예언했다. 과연 가우스의 예언대로 1801년에 소행성이 발견되었다. 가우스의 계산여행은 책상 앞에서 천상계까지 이어졌던 것이다.

가우스는 자신의 이론을 증명하기 위해 온힘을 쏟았다. 미분기하학과 곡면 연구도 가우스가 시작한 것이다. 이 이론을 검증하기 위해 가우스는 직접 세 개의 산에 올라 거리를 측량하기도 했다.

이처럼 위대한 수학자인 가우스가 대학 교수는 물론 교사도 되지 않았던 것은 의외의 사실이다. 이는 가우스에게 있어 수학을 연구하는 최대의 보상은 바로 수학 그 자체의 아름다움과 조화를 발견하는 데 있었기 때문이 아니었을까?

79세로 생을 마감한 가우스는 수학의 여러 분야를 개척하고 최고의 업적을 남겼다. 질과 양 모두에서 그만한 성과를 거둔 사람은 전무후무하다.

이렇듯 가우스는 태어나서 죽을 때까지 수학자로 살면서, 가시
밭과 같은 계산 끝에는 아름답고 감동적인 수학의 세계가 있다
는 사실을 우리에게 알려주었다.

가우스는 그래프에서 '모양'을 발견했다

소년 가우스는 1부터 100까지 더하기를 어떻게 공략할지 곰곰이
생각했다. '$1+2+3+\cdots\cdots+98+99+100$'을 막대그래프로 그리
면 계단처럼 보인다. 가우스는 이 계단에 숨어 있는 도형의 모양
을 쉽게 알아챘다. 그것은 거칠게 쌓여 있어 아무도 그것이 도형
이라고 생각하지 못했던 것이다. 수의 덧셈을 '모양'으로 변환하
는 것. 이는 훗날 정수론과 기하학의 정상을 목표로 한 가우스에
게 매우 자연스러운 발상이었다. 이때 도형의 크기는 그다지 관
계가 없다. 100이든 1000이든 그 모양은 같다.

앞에서 말한 '거칠게 쌓은 도형'은 사다리꼴로 볼 수 있다. 사
다리꼴의 면적을 구하는 방법은 '(윗변 길이+아랫변 길이)×높이
÷2'다. 윗변이 '1', 아랫변이 '100', 높이가 '100'이라면 '$(1+100)$
×100÷2'로 순식간에 '5050'이라는 답이 나온다.

100이 다른 수로 바뀌어도 이 방법으로 쉽게 해답을 구할 수

있다.

고등학교 수학 시간에 배우는 시그마 공식은 가우스의 방식으로 설명할 수 있다.

가우스는 선생님이 문제를 출제하기 전에 이 공식에 대해 생각한 적이 있었을까? 그랬다면 답을 금세 구했을 테니 아마 가우스는 이때 처음으로 이 문제에 대해 생각했을 것이다. 이렇게 보면 100까지 더하는 문제였기에 이런 공식이 탄생했다고도 볼 수 있다.

만약 '1부터 10까지의 자연수의 합은?'이라는 문제였다면 이와 같은 발상은 필요 없었을 것이다. 그러므로 굳이 100을 골라 문제를 낸 선생님에게도 수학적 센스가 있었을지도 모르겠다.

가우스는 이렇게 생각했다!

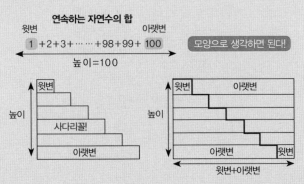

연속하는 자연수의 합

윗변   아랫변

1 +2+3+ ⋯ +98+99+ 100

높이=100

모양으로 생각하면 된다!

1 +2+3+ ⋯ +98+99+ 100 = 사다리꼴의 면적 = (윗변 + 아랫변) × 높이 ÷ 2
= (1 + 100) × 100 ÷ 2
= (101) × 100 ÷ 2
= 5050

등차수열의 합의 공식

등차수열의 합 공식

$$(첫 항)+ ⋯ +(끝 항)=\frac{1}{2} × (항수) × \{(첫 항)+(끝 항)\}$$

$$1+2+3+ ⋯ +98+99+100 = \frac{1}{2} × 100 × (1+100)$$

100항

$$= 50 × 101 = 5050$$

고등학교 수학 시간에 배운 공식

$$1+2+3+ ⋯ +n = \sum_{k=1}^{n} k = \frac{1}{2} n(n+1)$$

수학자보다도 빨리 계산하는 방법

'십인십색'은 '사람마다 각각 다르다.'라는 뜻을 나타낸다. 생각해보면 수학도 같은 문제를 다양한 방법으로 계산할 수 있으니 '십인십색'이라 할 수 있다.

1부터 100까지의 합을 계산한 가우스의 방법(123쪽 참조)은 일반적으로 '등차수열의 합의 공식'이라고 부른다.

자연수는 공차(公差, 연속되는 두 항의 차)가 1인 등차수열이므로, 예를 들어 234부터 645까지의 자연수의 합은 순식간에 이 공식으로 계산할 수 있다. 아무리 큰 수라도 등차수열이라면 적용

할 수 있다는 뜻이다.

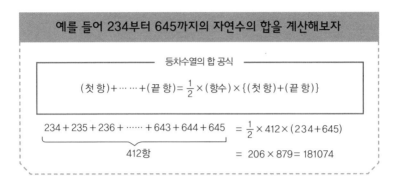

예를 들어 234부터 645까지의 자연수의 합을 계산해보자

등차수열의 합 공식

$$(첫 항)+\cdots\cdots+(끝 항)=\frac{1}{2}\times(항수)\times\{(첫 항)+(끝 항)\}$$

$$234+235+236+\cdots\cdots+643+644+645 = \frac{1}{2}\times412\times(234+645)$$

412항

$$= 206\times879=181074$$

반대로 작은 수인 '10'이라면 가우스보다 빠른 방법을 생각할 수 있다. 다음의 그림을 보자. 작은 순서로 '1, 2, 3, 4, 5'를 센다. 이 다섯 번째 수 뒤에 '5'를 나란히 놓는다. 그러면 답이 된다!

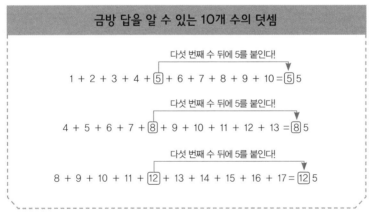

금방 답을 알 수 있는 10개 수의 덧셈

다섯 번째 수 뒤에 5를 붙인다!

$$1 + 2 + 3 + 4 + \boxed{5} + 6 + 7 + 8 + 9 + 10 = \boxed{5}5$$

다섯 번째 수 뒤에 5를 붙인다!

$$4 + 5 + 6 + 7 + \boxed{8} + 9 + 10 + 11 + 12 + 13 = \boxed{8}5$$

다섯 번째 수 뒤에 5를 붙인다!

$$8 + 9 + 10 + 11 + \boxed{12} + 13 + 14 + 15 + 16 + 17 = \boxed{12}5$$

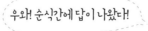

우왜! 순식간에 답이 나왔다!

$$777+778+779+780+781+782+783+784+785+786=\boxed{?}$$

그럼 위의 문제를 살펴보자.

어떤가?

금방 답을 알 수 있었을 것이다.

답은 7815이다.

이는 가우스보다 훨씬 빠른 계산법이다.

고속 계산법을 이용해 친구들과 계산게임을 즐기자

왜 '다섯 번째 수 뒤에 5를 붙이면' 정답이 될까? 이에 대한 증명
도 상당히 간단하다. 다섯 번째 수를 'x'라고 하자. 그러면 첫 번째
수는 '$x-4$', 열 번째 수는 '$x+5$'로 표시된다. 따라서 이 10개의
수를 더하면 '$10x+5$'가 된다. 즉, 다섯 번째 수를 10배 해서 5를
더하면 답이 나온다.

이를 더욱 간결하게 표현하면 '다섯 번째 수 뒤에 5를 붙인다!'
가 된다.

이 방법을 이용해서 친구들과 계산게임을 해볼 수 있다. 친구

에게 적당한 자연수를 일렬로 쓰게 한 뒤 그중에서 10개의 수를 고르게 한다. 이때 여러분이 순식간에 덧셈을 해낸다면 친구가 깜짝 놀랄 것이다. 친구에게도 이 고속 계산법을 알려주고 여러 친구들과 함께 10개의 자연수로 계산게임을 즐겨보자.

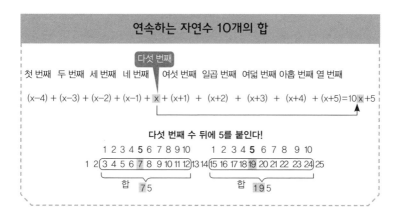

시공의 구조는 10차원이다?

10은 십진법이라는 셈법(기수법)의 기본이다. 일상생활에서 사용하는 수(금액, 수량, 용량, 개수 등)는 십진법으로 표시하는데, 이는 아마 인류가 존재하는 한 계속될 것이다.

만물의 근원을 찾는 것을 목표로 하는 물리학의 유력한 가설 중 하나도 10과 깊은 관련이 있다.

바로 물질의 궁극적인 구조는 입자가 아니라 끈, 그것도 초끈이라고 하는 '초끈이론(Superstring Theory)*'이다. 이 이론은 놀라운 자연의 형상을 제시한다. '초끈이론'은 소립자를 끈의 진동으로 표현한다. 끈의 진동의 차이가 여러 가지 입자에 대응한다. 그리고 '초끈이론'에 따르면 시공의 구조는 '10'차원이다.

하늘은 인간에게 10개의 손가락을 주고 이를 사용해 수를 세게 했다.

'10'이야말로 모든 것이다.

'10'은 '충분하다'라는 의미로 쓰인다.

'10'의 선율은 우주에 널리 퍼지고 있다.

---

* 초끈이론 : 우주를 구성하는 최소 단위를 연속해서 진동하는 끈으로 보고 우주와 자연의 원리를 밝히려는 이론. 현대물리학에서 우주의 모든 상호작용, 즉 '중력, 전자기력, 약력, 강력' 4가지의 힘을 하나로 통일하는, 만물의 법칙을 설명하는 유력한 이론이다.

수학은 매우 깊이 있는 학문이다

'1+1=2'는 아주 간단하고 쉬운 일의 대명사로 자주 사용된다. 여기에는 '가장 간단한 계산=당연함의 대명사'라는 의미가 담겨 있다. 하지만 정말로 간단하고 당연할까?

문제 1+1을 계산하라.

　　　　단, 어떤 조건의 계산인지를 함께 설명할 것.

▶ **경우 1** 1+1=2

일반적인 계산으로 십진법 계산이다. 그리고 +는 덧셈법(가산법)을 나타내는 연산기호다. '덧셈' 연산이 자연스러운 이유는 물건의 개수, 즉 자연수의 덧셈이 바탕이기 때문이다.

우리는 무언가가 '많이' 있으면 그것을 집계하려는 본능이 있다.

이는 농업이나 측량에서도 볼 수 있는 '수학적 작업'이라고 할 수 있다. '1+1=2'란 원래 '1개+1개=2개' '$1m^2+1m^2=2m^2$' '1마리+1마리=2마리'였다는 것이다.

하지만 실제로 이 문제의 우변은 얼마든지 달라질 수 있다.
'1+1=?'

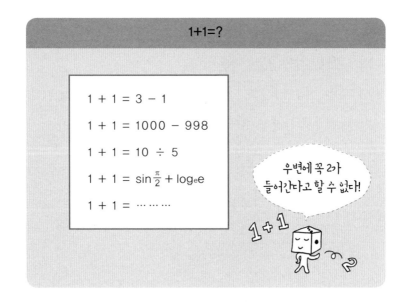

합동식 계산이다. 합동식이란 나머지로 분류하는 계산이다.

정확히는 '1+1≡0(mod 2)'으로 적는다.

[정의] 정수 a, b, p, k가 'a-b=kp'를 만족할 때 a와 b는 p로 나눈 것의 합동이다. a≡b(mod p)로 나타낸다.

정수를 어떤 자연수로 나눴을 때 나머지로 분류하는 방법이다. 예를 들어, '12≡7'은 '12≡7(mod 5)'가 된다.

12도 7도 '5로 나눈 나머지'는 2다. 12와 7은 같은 그룹에 속한다는 뜻이다.

사실 우리는 이 계산법을 매일 사용한다.

그렇다, 바로 시간이다. 13시는 오후 1시, 20시는 오후 8시, 25시는 오전 1시. 이를 합동식으로 나타내면 '13≡1(mod 12)' '20≡8(mod 12)' '25≡1(mod 12)'이 된다.

시계는 12시간을 한 주기로 친다. 이는 합동식이다. 수학자 가우스는 이 '나머지'에 주목했다. 그리고 아름다운 수식으로 정수론을 획기적으로 발전시켰다.

가우스는 스스로 이 계산을 회고하며 이렇게 말했다.

"이 새로운 계산법(합동식)의 장점은 종종 일어나는 요구의 본질에 대응한다. 따라서 천재에게만 내려오는 은혜로운 영감이 없어도 이 계산법을 익힌 사람이라면 누구나 문제를 풀 수 있다. 뛰어난 천재조차 어쩌지 못하는 아무리 복잡한 경우의 문제도 이것을 익히면 기계적으로 풀 수 있다."

다시 '1+1≡0(mod 2)'를 살펴보자. 'mod 2'는 '2로 나눈다.'라는 뜻이므로 나머지는 0이나 1이다.

이는 각각 짝수나 홀수라는 뜻이다. 좌변의 '1+1'은 2이므로 짝수이고, 'mod 2'로는 '0'이 된다.

▶ **경우 3** 1+1=1

이 경우는 논리연산을 이용한 계산이다. 논리연산은 1(참)이나 0(거짓)의 입력 값에 대해 하나의 값을 출력하는 연산이다. 논리합(OR)은 1이 입력되었을 때 출력 값이 1이 되고, 그 이외의 입력 값을 입력했을 때는 출력 값 0이 된다.

진리값표

A	B	A+B
0	0	0
0	1	1
1	0	1
1	1	1

이것은 이진법의 가법이다. 십진수와 이진수를 비교해보자. 이
진수는 0과 1 두 가지로 나타나므로 아래의 표와 같다.

십진수	이진수
0	0
1	1
2	10
3	11
4	100
5	101
6	110
7	111
8	1000
9	1001
10	1010

이진수의 '1+1'은 십진수로 변환해 생각하면 '1+1'이 되어 2가
된다. 이를 이진수로 변환하면 10이 된다.

물론 십진수로 변환하지 않고 이진수의 표를 보면 '1+1'이 '1'
다음 수가 되므로, 10이라는 것을 알 수 있다.

▶ 경우 5 1+1=2

'경우 1'과 똑같아 보이지만 다른 해석(조건)이 있다. '경우 1'은 십진수의 계산이다.

그럼 십진수 이외에 '1+1'은 어떻게 계산해야 할까?

'경우 4'는 이진수일 때였다. 삼진수는 수가 0, 1, 2이므로 '1+1=2'가 된다. 사진수는 수가 0, 1, 2, 3으로 네 개다. 역시 '1+1=2'가 된다. 계산기에 등장하는 십육진수는 수가 0, 1, 2, 3, 4, 5, 6, 7, 8, 9, A, B, C, D, E, F로 16개다. 역시 '1+1=2'가 된다. 즉, '1+1=2'는 삼진법 이상이면 성립하는 계산이다. 이것이 같은 '1+1=2'라도 '경우 1'과 답이 다른 이유다.

그럼 다시 한 번!

'1+1=?'는 몇 개 있을까?

글쎄, 몇 개가 있을까? 셀 수 없을 만큼 많을 것이다.

▶ 경우 6 1+1=11

이번에는 '+'가 문자열 결합을 나타내는 경우다.

일반적으로 임의의 문자열 a, b에 대해 이를 결합한 문자열 ab를 만드는 것을 'a+b=ab'로 나타낸다.

예를 들어 내 이름은 'Sakurai+Susumu=SakuraiSusumu'다.

계산기 속 문자처리에 이용되는 문자식의 연산이라고 생각하면 된다. 그러므로 '1+1=11'에서 '1'이나 '11'은 '수가 아니라 문자'를 나타낸다.

▶ 경우 7 1+1=1

이번에는 기체량 계산이다. 1ℓ씩 기체를 섞어 압력을 조정하면 1ℓ의 기체가 생긴다.

즉, '1ℓ+1ℓ=1ℓ'다.

액체로 생각하면 1ℓ의 물이 담긴 병 두 개를 2ℓ의 병 한 개에 섞어야 하므로 '1ℓ+1ℓ=2ℓ'이며, '1병+1병=1병'이 될 수도 있다.

▶ 경우 8 1+1=101

이번 경우는 수수께끼 문제로 좋을지도 모르겠다.

적당한 단위를 덧붙이면 1[?]+1[?]=101[?]이 된다.

어떤 단위를 붙였을까?

'1m+1cm=101cm'와 같은 식이다.

'경우 7'의 예는 수에 붙는 단위가 모두 같으므로 '1+1=2'이나 '1+1=1'은 단위를 생략한 식으로 봐도 좋다.

그러나 1m+1cm=101cm의 예는 단위가 제각각이므로 '단위를 붙이지 않으면 의미를 알 수 없는 식'이 된다.

원래 '수'의 계산은 '양'의 계산에서 탄생했다. 옛날에 사냥으로 잡은 것을 세는 계산은 덧셈 '1마리+1마리=2마리'였다. 즉 양은 수와 단위로 구성된 것이다.

말하자면, '양=수×단위'인 것이다.

수는 인류의 번영을 위해 발명되었다. 그리고 그런 이유 때문에 수가 널리 퍼져 '수의 정리'가 만들어졌다.

▶ **경우 9** 1+1=?

'1+1=?'의 계산은 인류의 발전과 함께 탄생한 여러 가지 계산의 궤도라고 할 수 있다. 양의 계산, 십진수, 이진수 등 N진수, 추상적인 대표연산, 계산기 과학, 논리연산과 같은 세계에서 '1'과 '+'는 필연적으로 등장한다.

앞으로도 수와 함께 살아갈 우리의 눈앞에 새로운 '1'과 '+'가 나타날 것이다.

새로운 '1+1' 계산을 발명하는 사람이 여러분 중에서 나올지도 모른다.

무리수는 비율에 맞지 않는 '무리한 수'?

7월 22일은 어떤 날일까

세계에서 '7월 22일'은 '원주율의 날'이다. 근삿값으로 사용하는 $\frac{22}{7}$(3.142……)에 따라 7월 22일을 파이 근삿값의 날로 기념하는 것이다. 그리고 많은 나라에서 원주율 π(3.14……)에서 유래해 3월 14일을 '파이의 날'로 지정하고 있다. 일본에서는 일본 수학 검정협회(수검)가 3월 14일을 '수학의 날'로 지정했고 일본 파이 협회에서는 3월 14일을 'π(파이)'에 유래해 '파이의 날'로 지정했다. 미국에서는 애플파이를 먹으면서 π를 축복하는 파티가 열린다. 무척 즐거운 날일 것 같지 않은가.

이제 7월 22일을 '7분의 22'로 보고 '22÷7'을 계산해보자.
아마 아래의 그림과 같은 계산이 될 것이다.

7월 22일을 나누면……

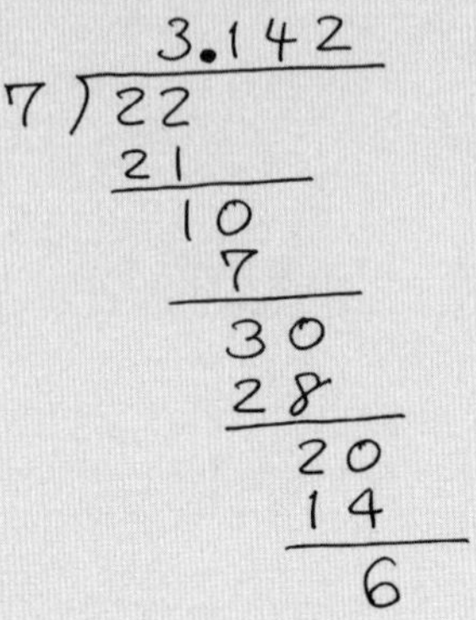

'$\pi = 3.1415926535 ≒ 3.142$' 즉, 원주율의 근사치다. 이는 7월
22일이 '원주율의 날'인 이유다.

그리고 세상에서 처음으로 원주율을 계산한 것은 그리스의 수
학자 아르키메데스다. 아르키메데스가 '7분의 22'를 사용해 게산
했으므로 7월 22일은 'π의 날'로 유서 깊은 날이라 할 수 있다.

일본수학협회에서는 7월 22일부터 8월 22일을 수학의 달로
지정하고 있다. 8월 22일은 '8분의 22'로 '$22÷8 = 2.7$……이다.'
이는 원주율과 함께 수학에서 매우 중요한 정수인 상용로그 'e'

(지수함수와 자연대수의 밑)의 값이다.

이렇듯 π부터 e까지의 1개월은 진정 수학의 달이라고 불러도 손색이 없다. 참고로 12월 21일을 '원주율의 날'로 지정한 곳은 중국이다. 그날이 1월 1일부터 세어서 355일째가 되기 때문이다. '355'도 역시 원주율을 나타내는 수로 '355÷113=3.14……'가 된다.

이는 중국 남북조시대의 천문학자이자 수학자 조충지가 구한 결과다. 다음 페이지의 그림을 살펴보자.

소수점 이하 6자리까지 올바른 값이라는 것을 알 수 있다. 이와 같이 1년 중, '원주율의 날'은 3일이며 연말이 다가오면 점점 값이 정확해진다.

분수는 왜 유리수일까

원주율 π는 기원전 2000년 전부터 탐구됐지만 그 값은 오랫동안 분수로 표현되었다. 서양에서 소수가 사용되기 시작한 것은 지금으로부터 400년 전이다.

그러므로 그 전에는 1보다 작은 수의 표현 수단이 분수밖에 없었다. 영어로 분수는 'fraction'이며 파편, 단편, 소부분, 분할이라는 뜻이다. 그리고 분수를 표현하는 기호(/)는 'division sign'이라

355÷113은 원주율?

```
            3 . 1 4 1 5 9 2 9
    113 ) 3 5 5
          3 3 9
          1 6 0
          1 1 3
            4 7 0
            4 5 2
              1 8 0
              1 1 3
                6 7 0
                5 6 5
                1 0 5 0
                1 0 1 7
                    3 3 0
                    2 2 6
                    1 0 4 0
                    1 0 1 7
                        2 3
```

3, 7, 12월의 원주율(π=3.1415926535…)

3월 14일	3.14	소수점 이하 두 자리가 일치
7월 22일	22÷7=3.142……	반올림해서 소수점 이하 세 자리가 일치
12월 21일	355÷113= 3.141592……	소수점 이하 여섯 자리가 일치

조금씩 정확해지네!

3월   12월

고 하며 이때 'division'도 역시 분할이라는 의미다.

그리고 수학의 세계에서는 '분수'를 '유리수'라고 한다.

왜 분수가 아니라 유리수라고 부를까?

이쯤 되면 여러분도 짐작하겠지만 교과서에는 그 이유가 설명되어 있지 않다. 다음으로 무리수(분수로 표현할 수 없는 수)라는 수도 배운다. 이 단계에서 많은 학생은 '유리수와 무리수는 세트로 의미를 가진다.'라는 사실을 깨닫는다. 그러나 유리수와 무리수의 유래는 여전히 알지 못한다.

힌트는 유리수의 영어 번역인 'rational number'에 있다. 이 'rational'을 잘 찾아보면 매우 흥미롭다. 일반 영어사전을 보면 형용사 'rational'의 명사형은 'ratio'이며 'ratio'란 '비율'이라는 것을 알 수 있다.

즉, 형용사 'rational'은 '비율인'이라는 뜻을 지닌다. 역시, 분수는 분자와 분모의 비율이므로 'rational' 즉, '비율인' 수가 된다.

그러나 rational number는 '비율인 수'가 아니라 '유리수(有理數)', 즉 '일리[理]가 있는 수, 또는 이치에 맞는 수'라고 번역되었다.

도대체 무슨 일이 벌어진 걸까?

좀 더 깊이 이해할 수 있게 영어사전에서 'ratio'의 어원을 찾아보자. 그러면 왜 현대 영어에서 'ratio'가 '비율'이라는 의미를 지니게 되었는지 알 수 있다.

실은 라틴어로 'ratio'에는 '계산'이라는 의미가 있다.

'ratio'는 '계산하는 것'이라는 의미에서 유래해 '비율'이 되었고(왜냐하면 비율이야말로 계산해야 할 대상이므로) 'rational'은 '계산적인'이라는 의미에서 유래해 '합리적인'이 되었다.

그렇게 보면 유리수는 원래 '유비수(有比數)'이므로 그 반대인 무리수($\sqrt{2}$나 π 등)는 분수로 나타낼 수 없는 수, 즉 '무비수(無比數)'라고 불러야 한다.

따라서 'rational number'는 원래 '비율인 수'라는 의미였는데 어떤 계기로 인해 '합리적인 수', 즉 '일리가 있는 수'가 채용된 것임을 알 수 있다.

왜 후자를 사용하게 되었을까?

이를 알려면 이번에는 수학의 역사를 살펴봐야 한다. 고대 그리스까지 시간을 거슬러 올라가보자.

유리수를 영어로 표현하면?

비[比]는 계산이다.

라틴어 Ratio	=	계산하는 것
영어 Ratio	=	비
Rational	=	합리적인, 논리적
Rational Number	=	유리수(분수)
		유비수

피타고라스, "만물의 근원은 수다"

고대 그리스의 수학자 피타고라스는 "만물의 근원은 수다."라고 말했다. 그 '수'란 말할 것도 없이 자연수를 가리킨다. 피타고라스의 시대, 자연수야말로 계산할 수 있는 수, 즉 '이성의 상징'이라고 간주되었다.

분수는 두 개의 자연수의 비로 생각되는(계산할 수 있는) 수에 지나지 않는다. 그렇지 않은 수는 '비이성적인'이라는 의미가 되어 배척해야 할 '생각해서는 안 되는 존재'였다.

그런 상황에서 $\sqrt{2}$가 분수로 표현할 수 없는 수라는 사실을 알게 되었다. 피타고라스학파는 당황했다. 기하학적으로 존재하는지 의심스러운 $\sqrt{2}$가 자연수가 아닌 수이므로 대사건이 아닐 수 없었다.

왜냐하면 이는 피타고라스의 '만물의 근원은 수다.'라는 생각과 정반대였기 때문이다.

전해지는 이야기에 따르면 이렇게 불길한 사실을 발견한 히파수스(Hippasus, 기원전 5세기경 피타고라스학파 철학자이자 수학자)는 배가 난파되어 목숨을 잃었다고 한다. 이 사건에 대해 5세기의 한 그리스의 작가는 다음과 같이 말했다.

"비이성적인 것, 양식을 흐트러뜨리는 것은 모두 비밀의 베일로 가려야 한다. 거기에 몰래 다가가 비밀을 폭로하려 한 영혼은 깊은 바닷속에 빨려 들어가 소용돌이에 빠져 익사했다."

그러나 피타고라스학파의 주장과는 달리 무리수는 황당무계하기는커녕, 피타고라스가 죽고 2천 년 이상이 지난 후에 진실임이 밝혀졌다.

현대에는 $\sqrt{2}$와 π는 나눌 수 없는 수, 무리수로 알려져 있다. 그러나 그 무리수의 정체를 '이해하는' 것은 그렇게 쉽지 않았다. 원주율 π가 무리수인 것이 증명된 것은 1761년이 되어서였다. 얼마나 무리수를 이해하는 것이 어려웠는지를 여실히 말해준다.

무리수인 π를 무리수로 나타내는 것은 진정 '무리'한 일이었던 것이다.

원주율 π 계산의 역사

$\left(\dfrac{16}{9}\right)^2 = 3.1\cdots$	기원전 2000년	고대 이집트
$\dfrac{22}{7} = 3.14\cdots$	기원전 250년	아르키메데스
$\dfrac{355}{113} = 3.141592\cdots$	480년	조충지
$\dfrac{103993}{33102} = 3.141592\cdots$	1748년	오일러

원주율이 '$(\frac{16}{9})^2 ≒ 3.1$'에서 '$\frac{22}{7} ≒ 3.14$'라고 판명되기까지 2천 년 이상이 걸렸다. 그 후로도 원주율 π는 오랫동안 분수로만 표현할 수 있었다.

'무리수'는 무엇일까

400년 전, 소수점이 발명되어 분수를 넘어 '무리수'를 향한 도전이 시작되었다.

분수로 표현할 수 없는 수, 무리수의 영어는 'irrational number'다. 이 'irrational'에는 '비율에 맞지 않다'와 '비합리적인'이라는 의미를 담고 있다. 그러나 이 영어를 처음으로 일본어로 번역한 옛 일본인 수학자는 '비합리적'이라는 표현을 채용해 '무리'라는 말을 사용했다.

이 영어 번역은 '비율에 맞지 않는' 수를 다루는 것이 인류에게 진정으로 '무리'한 일이었다는 사실을 잘 표현한다.

그러므로 분수, 즉 '비율인 수'는 그 반대로 '유리'라는 단어가 제일 적합하다.

사실 수의 정체를 표현한다면 비수(比数)와 비비수(非比数)라고 번역해야 했겠지만, 그 수학자는 놀랍게도 유리와 무리와 같이 절묘한 단어로 번역했다.

피타고라스 시대부터 현대까지 되돌아보면 분수야말로 'rational(합리적, 이성적)'이었다. 분수가 아닌 수도 'rational'로 생각하게 된 것은 최근이다.

유'리'수와 무'리'수, 둘 다 '리(理, 이치)'가 있는 것이 중요하다. 이 '리'라는 글자 덕에 수학과 인류의 위대한 발걸음을 느낄 수 있었던 것이 아닐까?

그럼 피타고라스가 비이성적이라고 배척해야 했던 수, 무리수에 이성적으로 맞선 인류가 획득한 '리(理)'란 무엇이었을까?

대체 '무리수'의 무엇이 '무리'였을까?

답은 '무한'이다. '무한'의 '이치[理]'를 찾았기에 우리는 수에 '실수(real number)'라는 빛나는 이름을 붙일 수 있었다.

결론! 무리수는?

비란 계산 그리고 이성적

라틴어 Ratio	=	계산하는 것
영어 Ratio	=	비
Rational	=	합리적인, 논리적, **이성적**
Rational Number	=	유리수, **이성적인 수**
		유비수
Irrational Number	=	**무리수**, 비비수
		유리수에 반역한 수, **비이성적인 수**

이 세상에 원주율이 없었다면…

2009/7/22

2009년 7월 22일의 개기일식

2009년 7월 22일은 개기일식을 만났던 특별한 날이다. 태양이야말로 생명의 원으로 원주율 π가 깃든 모체이기도 하다.

외국에서는 3월 14일 '원주율의 날'에는 '이 세상이 원주율이 없었다면……'이라고 상상하는 것으로 원주율의 역할을 생각해 보는 이벤트가 열린다고 한다.

낮에 태양이 사라지는 날은 진정으로 원주율이 사라지는 날이다. 원주율이 항상 감춰져 있었다면 현재의 문명은 발전할 수 있었을까? 천문학의 발전은 수학 발전의 원천이다.

나는 2009년 개기일식 당일에 7월 22일(7분의 22)이라는 유리수(rational number)를 떠올리면서 합리적인(rational) 사고를 해온 인류의 발걸음을 되돌아봤다.

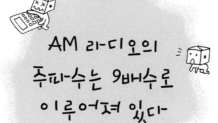

방송국의 주파수, 어떻게 할당될까

954, 1134, 1242는 각각 TBS 라디오(JOKR), 문화방송(JOQR),
일본 방송(JOLF)의 주파수로, 아시아, 오세아니아의 AM라디오
주파수 할당 범위는 '531kHz'에서 '1602kHz'다. 의외로 대부분
의 사람은 이 범위 안에서 방송국의 주파수가 어떻게 할당되는
지 잘 알지 못한다.

　'1134 - 954 = 180'

　'1242 - 1134 = 108'

두 수의 차는 모두 9의 배수다. 이미 알고 있는 두 개의 AM 라디오 방송국의 주파수를 빼보자. 반드시 9의 배수가 된다. 참고로 도쿄에서 NHK 제1국은 594kHz, NHK 제2국은 693kHz다.

'693 - 594 = 99'

확실히 차이는 9의 배수다. 이와 같이 AM 라디오 방송국의 주파수는 '9kHz' 간격으로 할당된다. 이를 '반송파 간격'이라고 한다. 더 자세히 말하면 시작하는 주파수 '531kHz'가 '531 = 9 × 59'로 9의 배수이므로 AM 라디오 방송국의 주파수는 모두 9의 배수라고 할 수 있다.

'954 = 9 × 106'

'1134 = 9 × 126'

'1242 = 9 × 138'

이므로 9의 배수인 수는 그 자릿수의 모든 합도 9의 배수가 되는 성질이 있다.

'954 → 9 + 5 + 4 = 18(9의 배수)'

'1134 → 1 + 1 + 3 + 4 = 9(9의 배수)'

'1242 → 1 + 2 + 4 + 2 = 9(9의 배수)'

AM 라디오 방송국의 주파수에 대한 모든 자리의 합을 계산하면 대부분이 9나 18로 9의 배수다.

그러나 단 하나 '27'이 되는 국이 있다. 어떤 방송국일까? 생각해보자. 정답은 NKH 제1방송(후쿠야마)의 999kHz다.

1978년 12월 23일 오전 9시

1978년의 일이다. 그 해의 11월 23일 오전 9시에 국제전기통신 연합 결의에 따라 반송파 간격이 '10kHz'에서 '9kHz'로 변경되었다.

말하자면 AM 방송국의 할당 주파수가 변경된 것이다. 이는 방송국에 있어 일대 사건이라고 할 수 있다. 방송국 수신기의 심장 부분이 변경된 것이니 방송국은 물론 청취자에게도 일생에 한 번 있을까 말까 하는 귀중한 경험이라 할 수 있을 것이다.

주파수가 변경되는 순간에 라디오를 사랑하는 많은 사람이 일제히 숨을 멈추고 튜닝 다이얼을 수동으로 돌리며 새로운 주파수에 맞추는 광경을 상상하면 왠지 모르게 가슴이 따뜻해진다.

저주파를 고주파로 변조하는 진폭변조

원래 AM 라디오의 AM이란 '진폭변조(AM: Amplitude Modulation)'를 뜻한다. 이 원리를 간단히 설명하면 아나운서의 음성(수 킬로헤르츠, 저주파수)을 전파(고주파, 반송파)에 실어 멀리까지 운반하는 송신방법이다.

방송국은 아나운서의 음성을 '변조'한 전파를 송신하고 라디오 수신기는 그 전파를 수신해 '복조'하는 것으로 아나운서의 음성을 추출한다. 라디오의 주파수란 이 반송파의 주파수를 말한다.

최근 라디오의 세계에서도 인터넷 대응을 시작했지만 여전히 많은 사람들이 아직도 라디오의 다이얼을 돌리는 손의 감각, 튜닝되는 미묘한 음의 변화, 디지털로는 결코 느낄 수 없는 '라디오만의 느낌'을 좋아한다.

따뜻한 느낌의 프로그램 내용도 어딘가 아날로그적이라고 느낀다. 아날로그의 좋은 점을 AM 라디오를 통해 많은 사람들이 지금 이 순간에 다시 확인해도 좋을 것이다.

---

* 국내 주요 AM라디오 주파수는 다음과 같다(서울 기준). AM라디오 방송국의 주파수가 모두 9의 배수인 것을 확인할 수 있다.—옮긴이

711kHz — KBS 제1라디오
603kHz — KBS 제2라디오
1134kHz — KBS 제3라디오
900kHz — MBC 라디오
792kHz — SBS 라디오
1188kHz — FEBC 극동방송

천재 수학자 라마누잔이 발견한 신비한 수

'12'의 비밀을 눈치 챈 라마누잔(Srinivasa Aiyangar Ramanujan, 1887~1920)은 인도가 낳은 천재 수학자다. '인도의 마술사'라고 불렸던 그는 32년이라는 짧은 생애에 무려 3252개의 수학 공식을 발견했다.

1914년 영국으로 건너간 라마누잔은 영국 케임브리지 대학의 수학자 하디(Godfrey Harold Hardy, 1877~1947)의 개인 지도를 받으며 몇 가지 공동 연구를 하였고, 그의 남다른 실력을 알아본 하디 덕분에 인도인으로는 최초로 영국왕립학회 회원으로 선출되기도 하였다.

수학의 역사에 깊이 이름을 새길 만큼 범접할 수 없는 계산력을 지녔던 인도의 천재는 생전에 '12'의 힘과 만났다.

어느 날, 하디는 라마누잔의 병문안을 갔다가 병상에 누워 있던 라마누잔에게 말했다.

"1729는 재미없는 수더구나."

병상의 라마누잔은 벌떡 일어나 "하디 선생님, 1729는 무척 재밌는 수예요."라고 반론했다. "왜?"라고 묻는 하디에게 라마누잔은 이렇게 대답했다.

"1729는 세제곱수의 두 개의 합으로, 이를 두 가지 방식으로 표현할 수 있는 최소의 수입니다."

그럼, 라마누잔이 말한 식을 계산해보자.

$9^3 = 729$, $10^3 = 1000$, $12^3 = 1728$, $1^3 = 1$이므로, $1729 = 9^3 + 10^3 = 12^3 + 1^3$이 된다. 이처럼 등식은 성립한다. '1729가 최소의 수'라고 즉시 판단할 수 있는 라마누잔은 그야말로 탁월한 수학적 재능을 지닌 인물이었다.

하디는 후에 전기에서 "라마누잔은 모든 자연수와 친구였다."라고 말했다. 정말로 적절한 표현이 아닐 수 없다.

어떻게 라마누잔은 1729와 친구가 되었을까?

1729는 재밌다

$$1729 = 10^3 + 9^3 = 12^3 + 1^3$$

라마누잔이 발견한 공식

$$(6a^2-4ab+4b^2)^3+(3b^2+5ab-5a^2)^3=(6b^2-4ab+4a^2)^3+(3a^2+5ab-5b^2)^3$$

$a=\dfrac{3}{\sqrt{7}}$, $b=\dfrac{4}{\sqrt{7}}$ 라면, $10^3+9^3=12^3+1^3$가 나타난다.

이런 공식을 생각하다니 대단하다!

라마누잔이 발견한 위와 같은 공식은 어떤 수 a, b에 대해서도 성립하는 항등식이라고 불리는 것이다. 분명히 이 공식에 $10^3+9^3=12^3+1^3$가 나타난다.

과연 라마누잔은 이 공식으로 1729에 관한 흥미로운 성질을 이끌어냈을까? 그 수수께끼의 열쇠는 라마누잔의 업적 중에서 빼놓을 수 없는 '라마누잔의 제타 함수'에서 찾을 수 있다.

이제부터 어려운 수식이 이어지는데, 이해하기 힘든 사람은

대강 읽어도 상관없다. 다만 수식의 분위기만이라도 느껴보기
바란다.

이 제타 함수에 대해서 라마누잔은 어떤 추측을 중얼거렸는
데, 내용이 너무 어려워서 발견되고 60년이 지난 1974년에야 극
적으로 증명되었다.

앞의 '라마누잔의 Δ(델타)' 식에 주목하기 바란다.

라마누잔의 제타 함수에 등장하는 Δ의 식은 ①과 같다.

여기에 '12'가 나타난다.

이에 더해 이 Δ(z)는 ②의 관계식을 만족한다.

분모의 '1728'이야말로 앞에서 본 '12×12×12', 즉 12^3 이외에는 없다.

20세기의 수학을 발전시킨 라마누잔의 발견은 '12'의 도움을 받은 것이었다.

원래 라마누잔이 1913년 1월 16일에 케임브리지 대학의 하디에게 보낸 최초의 편지에도 '12'가 있었다.

라마누잔은 제타 함수와 관련된 계산 결과($\zeta(-1)$)를 자랑스럽게 하디에게 보고한다. 그는 18세기에 오일러가 경험한 것과 같은 길을 20세기 초에 걷게 된다.

제타 함수란 덧셈의 연장선상에 있다. '1+2+3+4+5+6+7+8+9+10=55'라는 덧셈을 무한까지 계속하는 것, 여기에 실수부터 복소수의 덧셈까지 수의 범위를 확대하는 것이 그 포인

라마누잔의 편지에도 12가 있었다

$$1+2+3+4+5+6+7+8+9+10+\cdots = -\frac{1}{12}$$

트다. 라마누잔은 덧셈을 하면서 '12'를 발견했다.

하디는 병상의 라마누잔에게 계속해서 물었다.

"라마누잔, 그럼 네제곱수로 이렇게 되는 수는 없을까?"

잠시 생각한 라마누잔이 대답했다.

"하디 선생님, 그것은 매우 큰 수가 돼요."

라마누잔의 예상은 맞아떨어졌다. 컴퓨터가 발명된 후 정확한 계산을 통해 그 답이 '635318657'이라는 것을 알게 된 것이다.

라마누잔은 '매우 큰 수'를 예측했다

$$635318657 = 59^4 + 158^4 = 133^4 + 134^4$$

우리를 둘러싼 12의 세계

음악은 '12' 평균율.

불교의 12인연은 인간이 과거, 현재, 미래를 윤회하는 모습을 설명한 '12'의 인과관계.

1 다스는 '12'개.

하루는 오전 '12'시간, 오후 '12'시간.

1년은 '12'개월.

별자리와 띠는 '12'가지.

모두 '12'로 되어 있다.

하나로 묶는 것에는 언제나 '12'가 나타난다. 다른 곳에도 '12'가 있을지 모른다.

우리는 '12'의 신비에 지배되고 둘러싸여 있으며 지금 거기에 있다.

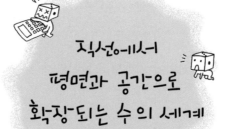

자연으로 배우는 '자연수'

자연수는 어릴 때 '자연스럽게 배울 수 있어서' 그렇게 이름 붙여졌다. 이 자연수를 바탕으로 우리 인류는 다양한 수를 생각해 냈다.

요컨대 문명의 발달과 함께 새로운 수가 등장했다는 뜻이다. 토지의 측량, 상업으로 발생한 돈 계산, 천문학의 관측 등등⋯⋯ 모두 수가 필요했다.

제로, 마이너스, 분수, 소수 등 수는 세계 각지에서 발달을 거듭했다. 재밌게도 소수는 중국에서는 기원전부터, 일본에서도 나라(奈良)시대부터 사용했지만, 정작 유럽에서 사용되기 시작한 것은 16세기에 들어와서다.

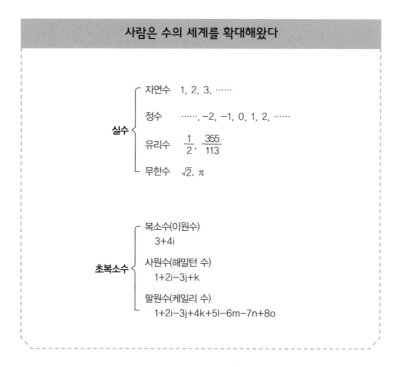

사람은 수의 세계를 확대해왔다

실수
- 자연수   1, 2, 3, ……
- 정수   ……, −2, −1, 0, 1, 2, ……
- 유리수 $\frac{1}{2}$, $\frac{355}{113}$
- 무한수 $\sqrt{2}$, π

초복소수
- 복소수(이원수)   3+4i
- 사원수(해밀턴 수)   1+2i−3j+k
- 팔원수(케일리 수)   1+2i−3j+4k+5l−6m−7n+8o

정수는 신이 창조했지만 다른 수는 사람의 손으로 만든 것이다.

레오폴트 크로네커(1823~1891, 정수론의 창시자 중 한 사람)

무리수, 사원수, 팔원수…

18세기에 들어선 이후 수의 세계는 급속도로 발전했다. '실수'의 전모가 밝혀진 것이다.

두 정수의 비로 나타내는 분수는 '유리수'이지만 유한소수나 순환소수라고 불린다. 이와 반대로 무한하고 순환하지 않는 소수가 '무리수'다.

실은 고대 그리스 시대, 유리수로 표현되지 않는 수의 존재에 대해 논했었지만 18세기가 되어서야 수학적으로 증명된 것이다.

일상생활에 무리수는 등장하지 않는다. 그러나 원주율과 황금비를 생각하면 보다 가깝게 느껴질 것이다.

무리수의 등장으로 수직선상의 모든 점을 수로 표현할 수 있게 되었다. 그리고 수의 세계는 직선을 벗어나 평면으로 확대되었다. 이것이 가우스의 '복소수'(이원수)* 발견이다. 여기에 사원수(해밀턴 수)**, 팔원수(케일리 수)***의 발견이 이어졌다. 수의 세

---

* 복소수 : 실수와 허수(존재하지 않는 수)의 합으로 이루어지는 수. 복소수는 실수인 a, b와 허수인 i를 사용하여 a + bi인 형식으로 표현된다.

** 사원수 : 윌리엄 해밀턴(William Hamilton)이 복소수가 나타내는 평면을 확장하여 공간을 묘사하는 수를 만들어냈는데, 이를 사원수라 한다. 새로운 허수단위를 j로 나타내면, 복소수를 확장한 새로운 수는, a, b, c를 실수라 할 때 삼원수 a+bi+cj로 나타낼 수 있다. 그러나 이 삼원수는 곱셈과 나눗셈에서 해를 구할 수 없었고, 결국 해밀턴은 실수 성분 하나와 허수 성분 세 개가 필요한 수, $i^2=j^2=k^2=ijk=-1$ 이라는 사원수를 생각했다. 그러나 이 수는 교환법칙이 성립하지 않는다

*** 팔원수 : 사원수를 확장한 것으로 두 개의 사원수로 만든다. 이 수는 영국의 수학자 아서 케일리(Arthur Cayley)가 만들어냈는데, 실수 단위 하나와 허수 단위 일곱 개로 이루어졌으며 교환법칙과 결합법칙도 성립하지 않는다.

계는 엄청나다는 것이 증명되었지만 수에 대한 인류의 탐구심은
끝이 없다.

무한 앞의 무한, 무량대수

가장 큰 수는 몇일까

자연수는 1부터 시작해 2, 3……으로 계속되는 수다. 사람은 그 끝이 없다는 사실을 깨닫고 '무한'이라는 단어도 알게 되었다.

아빠: 일, 십, 백, 천, 만, 억, 조……. 그 다음 단위는 뭐지?

아들: 알고 있어, 경!

아빠: 맞았어. 그럼 가장 큰 수는 뭐지?

아들: 무한이잖아.

아빠: 그래 맞아. 경, 핵 그리고 무량대수로 이어지지. 무량

대수라는 무한은 얼마나 클까?

🔲 아들: 아주, 아주 크지 않을까?

여기서 아빠의 말에는 아쉽게도 수학적으로 오류가 있다.

그것은 무엇일까?

아빠는 수의 단위 중 하나인 '무량대수'를 '무한대'라고 착각한 것이다. 무한대의 본질을 알지 못했던 것이다.

인류는 무한을 계속 생각해왔다.

고대 그리스에서 피타고라스는 '피타고라스의 정리'를 증명했고 아리스토텔레스는 '운동'의 본질을 논했다. 그 후에도 인류는 계속해서 무한을 생각했지만 '엄청나게 큰 수'를 넘는 합리적인 이론을 찾지 못했다. 무한을 최대의 아군으로 삼은 미분법과 적분법을 생각한 뉴턴과 라이프니츠 그리고 오일러조차도 마찬가지였다.

일본의 경우에도, 에도시대에 서당에서 아이들은 '쓰기, 읽기, 셈'을 배웠다. 에도시대의 베스트셀러 『진코키』에는 수를 세는 방법이 기본으로 나와 있다.

실제로 에도시대의 어린이는 무량대수는 10^{68}(1 뒤에 0이 68개)이라고 알고 있었다.

다만 에도시대의 수학자도 앞서 나온 아빠가 알고 있는 '무한대'는 알지 못했다. 엄청 큰 수, 얼마든지 큰 수, 끝이 없는 수를 세는 것에 의미를 느끼지 못했을 것이다.

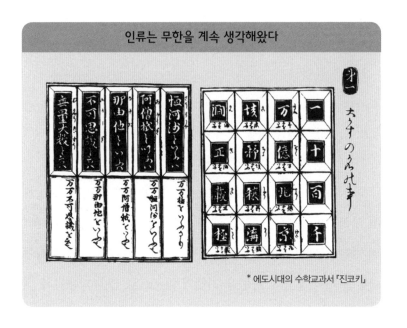

인류는 무한을 계속 생각해왔다

* 에도시대의 수학교과서 『진코키』

무한한 수는 개수가 아니라 농도를 비교한다

1891년, 수학자 조지 칸토어는 무한의 앞에서 디가오는 빛을 잡는 데 성공했다. 무한히 이어지는 자연수는 짝수와 홀수로 나뉜다. 그렇다면 자연수 중 짝수와 자연수, 어느 쪽이 더 많을까?

혹 '10'까지 자연수를 생각한다면 그중에 짝수는 '2' '4' '6' '8' '10'으로 5개, 즉 자연수의 10개 중 반이다.

그러나 이것이 무한한 자연수가 되는 순간 사정이 바뀐다. 어떤 자연수에도 그 두 배의 짝수가 상응하므로 짝수는 자연수와 똑같이 있게 된다.

112쪽 '무한에도 대소가 있다?'에서도 설명했지만 유한에서 반이었던 관계가 무한이 되면 그렇지 않다. 같은 상황이 유리수(분수)에도 성립한다. 유리수는 자연수 사이에 끼어 있는 수이므로 당연히 자연수보다도 작다고 생각된다.

하지만 우리 생각에 모든 유리수와 모든 자연수는 정확히 1대 1로 대응한다. 즉, 유리수와 자연수도 무한 개 있다는 뜻이다.

그러나 무한한 수는 '개수'로 생각할 수 없으므로 '농도'라고 생각하는 것이 적절하다.

칸토어는 무한히 있는 수에 대해 '개수가 아니라 짙음을 비교한다.'라고 생각했다. 여기에 필요한 것이 집합론이었다. 칸토어는 경악할 만한 결론을 내렸다.

"무한을 비교하는 것은 불가능하다."

실제로 자연수의 무한이 가장 농도가 옅고, 그것보다 농도가 짙은 무한이 존재한다는 것을 알게 되었다. 이는 무한수까지 포함한 실수다. 우리가 과거에 알고 있었던 것과 달리 자연수와 실수에는 1대1의 대응관계가 성립하지 않는 것이 명확해졌다.

자연수의 무한 농도를 알레프 제로($\aleph_0$), 실수의 무한 농도를 알레프(ℵ)라고 부른다.

다음 페이지의 수직선 상에 있는 점을 살펴보자. 점이 가득 찍혀 직선이 생겼지만 무한한(알레프 제로) 자연수의 점으로는 직선에 '틈이 생겨' 완벽한 직선이 되지 않는다.

그것보다 큰 무한(알레프)만으로 점을 찍으면 틈이 사라지고 직선이 생긴다. 이것이 실수다.

무한에도 대소 두 종류가 있다는 것, 거기에 그것보다 큰 무한이 존재한다는 놀라운 사실이 증명되었다.

수학은 무한의 과학이다

칸토어와 같은 시대를 살았으며, '푸앵카레 추측'으로 유명한 천재 앙리 푸앵카레(Jules Henri Poincaré, 1854~1912, 프랑스 수학자·천문학자)는 이렇게 말했다.

"칸토어 이후, 수학은 새로운 전개를 시작했다. 무한을 논할 수 있게 된 집합론의 정비는 모든 수학의 토대를 강화했다. 불과 119년 전 인류는 무한 세계의 문을 억지로 연 것에 지나지 않았다. 무한의 세계에 비치는 빛은 유한의 세계를 비췄고 수학의 세계는 깊어졌다."

그 옛날 아이들에게 무량대수를 가르친 것처럼 언젠가는 현대

점을 이어 직선이 될 때까지

자연수, 정수는 듬성듬성 분포되어 있다

가산무한(셀 수 있는 무한)개의 점이 있다

$$-4 \quad -3 \quad -2 \quad -1 \quad 0 \quad 1 \quad 2 \quad 3 \quad 4$$

 0부터 2 사이를 확대하면…

점과 점사이에는 눈에
보이지 않는 틈이 있다

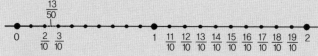
유리수(분수)는 조밀하게 분포되어 있다

가산무한(셀 수 있는 무한)개의 점이 있다

$$0 \quad \frac{2}{10} \quad \frac{3}{10} \quad \overset{\frac{13}{50}}{} \quad 1 \quad \frac{11}{10} \quad \frac{12}{10} \quad \frac{13}{10} \quad \frac{14}{10} \quad \frac{15}{10} \quad \frac{16}{10} \quad \frac{17}{10} \quad \frac{18}{10} \quad \frac{19}{10} \quad 2$$

 1부터 2 사이를 확대하면…

틈은 줄었지만 그래도
점과 점사이는 아직
열려 있다!

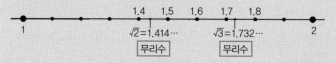
실수는 연속으로 분포한다!

비가산무한(연속무한, 셀 수 없는 무한)개의 점이 있다

$$1 \qquad 1.4 \quad 1.5 \quad 1.6 \quad 1.7 \quad 1.8 \qquad 2$$
$$\quad \sqrt{2}=1.414\cdots \qquad \sqrt{3}=1.732\cdots$$

무리수 무리수

점과 점사이의 틈이
사라져 직선이 된다!

의 아이들에게도 무한을 가르칠 수 있는 때가 올 것이다.

그때 아빠와 아들은 함께 목욕을 하며 '무량대수'와 '무한대'의
차이를 이야기하리라.

'그레이엄수'라는
거대수는
얼마나 클까

거기에 수가 있으니 센다

무한에는 대소 두 가지가 있다. 이 단순한 사실을 인류가 깨달을 때까지 수천 년이란 시간이 걸렸다.

'거기에 산이 있으니까 올라간다.'

'거기에 바다가 있으니까 들어간다.'

이런 단순한 꿈을 실현하는 데 얼마나 많은 노력을 기울이는 걸까?

그리고 '인류는 거기에 수가 있으니 센다.'

수는 산이나 바다와 마찬가지다. 한 발 한 발 높은 곳이나 깊은 곳을 향해 공략하듯이 하나씩 단계를 거쳐 계산하는 것 말고는 도달할 방법이 없다. 산에는 산에, 바다에는 바다에 그리고 수에는 수에 도달하기 위한 기술이 필요하다.

지금으로부터 100년 전, 인류는 무한을 보기 위한 조망대와 쌍안경을 손에 넣었다. 그 기술을 무한보다 작은 유한수에도 사용할 수 있을까?

'무한까지 다가갔으니 그것보다 적은 유한에는 훨씬 쉽게 다가갈 수 있겠지?'

모두 그렇게 생각할지 모른다. 하지만 실상은 그 반대다.

무한은 상상 이상으로 높으며 깊다. 그 가혹함 앞에 연구자들은 쩔쩔 맸다. 에베레스트가 정복되었다고 해서 누구나 백두산에 쉽게 올라갈 수 없듯이. 수천 미터의 심해에 도착한 현재에도 단 1m의 물에 빠져 목숨을 잃는 사람이 있다.

큰 수를 나타내는 방법

여기에 유한한 하나의 수를 소개한다.

'그레이엄 수'다. 유한의 크기를 가진, 엄연한 자연수다. 그런데도 수의 정상을 볼 수 없을 만큼 거대하다. 그레이엄 수의 가장 위를 보는 것은 불가능하지만, 그 기슭에 서는 것은 조금만 훈련

하면 할 수 있다.

그럼 큰 수를 어떻게 표현할 것인지, 세 개의 수만으로 표현할 수 있는 최대의 수는 무엇일까?

답은 '9^9', '9의 9제곱의 9제곱승'이다. 기호는 사용하지 않고 큰 수를 표현하는 방법에는 '지수'가 있다. 빛의 속도는 초속 약 3.0×10^8m, 전자의 무게는 약 9.1×10^{-31}kg과 같이 과학의 세계에는 큰 수나 작은 수를 '지수'를 사용해 표현한다.

그럼 그 값이 얼마나 큰지 계산해보자. 먼저 '9의 9제곱'부터 해보자.

'$9^9 = 9 \times 9 \times 9 \times 9 \times 9 \times 9 \times 9 \times 9 \times 9 = 387420489$'

아홉 자리 수가 된다.

다음으로 '9^{9^9}'를 계산해보자. 다음 그림을 살펴보자.

9의 9제곱의 9제곱승을 계산해보자

$$9^{9^9} = 9^{(9^9)} = 9 \times 9 \times 9 \times 9 \times 9 \cdots\cdots 9 \times 9 \times 9 \times 9 = ?$$

9가 9^9 → 387420489개가 된다!

그렇게 많이 계산기를 두드릴 수 없어!

계산기로 9를 3억8742만489번 두들겨야 한다. 계산기로는 불가능한 계산이다.

그럼 컴퓨터를 사용해보면 어떨까? 실은 컴퓨터로도 계산할 수 없다. 최신 수학 프로그램 매스매티카(Mathematica, 과학, 공학 등에서 널리 사용하는 계산용 소프트웨어)로 '9^{9^9}'를 계산하면 화면에 '계산 중에 오버플로가 발생했습니다.'라는 메시지가 뜬다. 즉, 계산할 수 있는 크기를 초과했다고 혼나는 것이다.

수학 프로그램으로도 계산이 불가능하다

```
In[1]:=
        9^9^9
        General :: ovfl : 계산 중에 오버플로가 발생했습니다.

Out[1]=
        Overflow[  ]
```

재밌는 것은 지금과 같이 컴퓨터가 없었던 1906년에 '9^{9^9}'의 자릿수를 계산했다는 사실이다. '3억6969만3200자리'였다. A4 용지 한 장에 2천 문자를 인쇄한다고 가정하면 13만4846장이 사용되는 엄청난 계산 결과다!

'9^{9^9}'는 실제로 계산(십진수로 표시)하기가 쉽지 않다. 이를 역으로 생각하면, 계산이 어려운 큰 수는 '지수' 덕에 표현할 수 있는 것이다.

이를 바탕으로 '그레이엄 수'를 공략해보자.

기네스에서도 인정한 사상 최대의 수

가장 큰 수로 1980년 기네스북에 오른 것이 '그레이엄 수'다.

이는 네 개의 색이 있으면 어떤 지도도 구분해서 칠할 수 있다는 '4색 문제'로 유명한 그래프 이론에 등장한다.

그래프란 점과 선만으로 이루어진 것을 뜻하지만, 이 그래프 이론에는 큰 수가 자주 등장한다. '그레이엄 수'는 '그레이엄 문

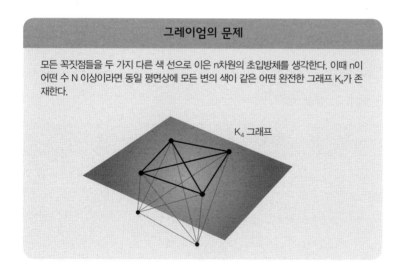

그레이엄의 문제

모든 꼭짓점들을 두 가지 다른 색 선으로 이은 n차원의 초입방체를 생각한다. 이때 n이 어떤 수 N 이상이라면 동일 평면상에 모든 변의 색이 같은 어떤 완전한 그래프 K_4가 존재한다.

K_4 그래프

제'와 관련되어 등장한다.

'그레이엄 문제'의 답은 N이지만 아직까지 정확한 값을 알 수 없다. 그러나 미국의 수학자 로널드 그레이엄(Ronald Graham)은 N의 한계를 구하는 데 성공했다. '그레이엄의 문제'의 답 N은 그레이엄 수 G_{64} 이하였다고 한다.

이렇게 눈앞에 사상 최대의 수 '그레이엄 수'가 등장했다. '9^{9^9}'에서 살펴봤듯이 큰 수를 표현하는 데는 '지수'가 유효하다. 그런데 '그레이엄 수'는 '지수'가 도움이 되지 않는다. '지수'를 대신하는 기호가 '↑(타워)'다. 높게 선 모습을 표현하는 데 딱 맞는 기호다. '그레이엄 수'에 올라가기 위해 필요한 새로운 장비 '↑'를 살펴보자.

타워를 제대로 설명하는 것은 무척 어렵다. 여기서 중요한 점은 지수보다도 훨씬 큰 수를 나타낼 수 있다는 것이다. 구체적인 예를 들어 살펴보자.

다음 그림을 보자.

거대수를 표현하기 위한 타워(↑)
$3 \uparrow 1 = 3$
$3 \uparrow 2 = 3^2 = 3 \times 3 = 9$
$3 \uparrow 3 = 3^3 = 3 \times 3 \times 3 = 27$
$3 \uparrow 4 = 3^4 = 3 \times 3 \times 3 \times 3 = 81$

이와 같이 한 개의 타워 '↑'는 지수 계산을 의미한다. 그리고 왼쪽의 수 1, 2, 3, 4⋯가 '3↑3'까지 커지면 '↑'가 하나 늘어서 '↑↑'가 된다. '3↑(3↑3)=3↑↑3=3^{3^3}=3^{27}은 7조625억9748만987(13자리)'이므로 '9^{9^9}'는 '9↑↑3'으로 표현할 수 있다.

여기서 두 타워 수 '↑↑'의 열을 살펴보자. 이제 막 '그레이엄 수'를 등산하기 시작했는데 큰 수를 만나고 말았다.

우주에 존재하는 소립자는 10^{80} 정도로 소립자 1개로 하나의 수를 인쇄한다 해도 10^{80}자리의 수만 인쇄할 수 있다. 3을 약 3.6조 개 곱한 수 '3↑↑5'는 아마 우주에서는 전개할 수 없을 만큼 큰 수일 것이다.

3을 3조 개 이상 곱하는 계산

$3 ↑↑ 4 = 3^{3^{3^3}} = 3^{762597484987} = ○○ \cdots ○○$(약 3.6조 자리)
<u>3이 4개</u>

약 3.6조 자리

$3 ↑↑ 5 = 3^{3^{3^{3^3}}} = 3^{○○ \cdots ○○} = ?$
<u>3이 5개</u>

우주에서는 전개할 수 없는 크기가 된다

$$3 \uparrow\uparrow (3 \uparrow 3) = 3 \uparrow\uparrow\uparrow 3 = 3^{3^{3^{\cdots 3^3 \cdots 3^{3^3}}}}$$

3이 (3↑↑3)개=3이 약 7조 개

$$= 3 \uparrow\uparrow\uparrow 4 = 3^{3^{3^{\cdots 3^3 \cdots 3^{3^3}}}}$$

3이 (3↑↑4)개

$$= 3 \uparrow\uparrow\uparrow 5 = 3^{3^{3^{\cdots 3^3 \cdots 3^{3^3}}}}$$

3이 (3↑↑5)개

$$= 3 \uparrow\uparrow\uparrow 6 = 3^{3^{3^{\cdots 3^3 \cdots 3^{3^3}}}}$$

3이 (3↑↑6)개

진도를 나가보자. '3↑↑5' '3↑↑6' '3↑↑7'……이 '3↑↑(3↑3)'까지 커지면 타워 '↑'가 하나 늘어서 '3↑↑↑3'이 된다.

그리고 '3↑↑↑7' '3↑↑↑8' '3↑↑↑9'……이 '3↑↑↑(3↑3)'까지 커지면 타워 '↑'가 또 하나 늘어서 '3↑↑↑↑3'이 된다.

여기까지 오면 '3↑↑↑↑3'은 '3↑↑↑3'과 비교해 얼마나 큰지 설명할 수 있는 말이 없다. 정말로 상상도 하지 못할 만큼, 셀 수 없을 만큼 등등, 어떤 말도 '3↑↑↑↑3' 앞에 올 수 없다. '크기'를 표현하는 말은 늘어나는 방법이 일정하다. '억, 조, 경……무량대수'도 '메가, 기가, 테라……요타'도 각각 4자리, 3자리씩 일정하게 늘어간다. 산술적이라고 바꿔 말할 수 있다.

맬서스의 『인구론』에는 "식량은 산술급수적으로 증가하는 데 비해 인구는 기하급수적으로 증가한다."라는 말이 나오는데, 여기에 표현된 '산술(급수)적'이라는 말은 일정한 값으로 더해진다는 뜻이다. 그리고 '기하급수적'이라는 말은 지수함수적이란 뜻으로, 간단히 말하면 폭발적이라는 의미다. 자연현상은 빅뱅에서 인구증가, 세포분열까지 '지수함수적'이라고 설명할 수 있다.

이에 대해 타워 수는 '지수함수의 지수함수적'으로 증가하는 함수다. 이와 같이 늘어나는 것을 설명할 말을 주변에서 찾을 수 없는 것은 당연하다.

대강 훑어보았지만 이것으로 '그레이엄 수'를 조금이나마 알 수 있게 되었다. 이제 그레이엄 수를 좀더 이해할 수 있도록 포인트를 찾아보자.

그레이엄 수 G_{64}에 다가간다

타워 수의 특징은 '↑'가 하나 늘어나는 것만으로 예상할 수 없을 만큼 거대해진다는 것이다. 그러나 아직 '그레이엄 수'에는 다가가지 못한다. 좀 더 노력이 필요하다. 여기서 타워 '↑'의 수를 타워 수만큼 늘려보자. '3↑↑↑3'을 G_1으로, G_2는 3과 3의 사이에 '↑'가 G_1개만큼 있는 수, G_3는 3과 3 사이에 '↑'가 G_2만큼 있는 수, G_4는 3과 3 사이에 '↑'가 G_3만큼 있는 수로, 차례차례 타워 수를 늘려간다.

이런 단계를 63회 반복하면 G_{64}에 도달한다. 이것이 '그레이엄 수'다.

'그레이엄 수'의 크기를 표현하는 말은 없다. 여기에 도달하기 훨씬 전 단계의 수조차도 계산해서 결과를 표현하기에는 이 우주가 너무 작다.

'수'라는 문자는 인쇄해서 볼 수 있지만 '수'는 개념이므로 형태가 없다. 하지만 이 형태 없는 '수'를 우리의 머릿속에서 볼 수 있다. 140억 개 이하의 세포로 구성된 대뇌 안에 '그레이엄 수'가 있다. 거대수를 생각하는 도중에 '수'를 초월해가는 '수'의 풍

그레이엄 수 G_{64}로 가는 길 ①

$$G_{n+1} = 3 \underbrace{\uparrow\uparrow \cdots \uparrow\uparrow}_{\uparrow \text{가 } G_n \text{개}} 3$$

$G_1 = 3 \uparrow\uparrow\uparrow\uparrow 3$ 이라면

$$G_2 = 3 \underbrace{\uparrow\uparrow \cdots \uparrow\uparrow}_{\uparrow \text{가 } G_1 = 3\uparrow\uparrow\uparrow\uparrow3 \text{개}} 3$$

$$G_3 = 3 \underbrace{\uparrow\uparrow \cdots \uparrow\uparrow}_{\uparrow \text{가 } G_2 \text{개}} 3$$

그레이엄 수 G_{64}로 가는 길②

$$G_{64} = 3 \underbrace{\uparrow\uparrow\uparrow\uparrow \cdots \uparrow\uparrow\uparrow\uparrow \cdots \uparrow\uparrow\uparrow\uparrow} 3$$

$$3 \underbrace{\uparrow\uparrow\uparrow \cdots \uparrow\uparrow\uparrow \cdots \uparrow\uparrow\uparrow} 3 = G_{63}$$

$$3 \underbrace{\uparrow\uparrow \cdots \uparrow\uparrow \cdots \uparrow\uparrow} 3 = G_{62}$$

$$\vdots$$

$$3 \underbrace{\uparrow\uparrow \cdots \uparrow\uparrow} 3 = G_2$$

$$3 \uparrow\uparrow\uparrow\uparrow 3 = G_1$$

경이 눈앞을 스친다. '수'를 초월했을 때 어쩌면 '수'와 만날 수 있을지도 모를 일이다.

무한은 '그레이엄 수'보다도 훨씬 멀리서 빛난다. 거대수를 바라봤을 때 비로소 보이는 유한과 무한의 풍경이 있다. 말로 무한이라고 한들 대부분 실감하지 못할 것이다. 어쩌면 생각할 수 없는 것을 쉽게 무한이라고 표현하는 것인지도 모른다.

'그레이엄 수'라는 거대수는 우리가 어디서 말을 잃을지 정확히 알려줬다.

현재 우리는 '그레이엄 수'의 기슭에 서서 정상을 올려다보고 있다. 그러나 이는 멀리 떨어진 곳에서 축소해 보고 있는 것이다. 태양도 별도 가까운 곳에서는 볼 수 없지만 멀리 떨어진 지구에 있을 때 겨우 볼 수 있다.

그렇다면 '그레이엄 수'를 보고 있는 우리는 도대체 어디에 서 있는 걸까? 아직 보지 못한 '수'의 풍경이 앞으로도 우리 머릿속을 스치고 지나갈 것이다.

감동적인 수학자 '오카 기요시' 이야기

오카 기요시(岡潔: 1901~1978)
다변수 복소 해석학으로 세계적인 업적을 남겼다

수학은 생명의 연소다

"수학은 생명의 연소로 만들어진다."

1960년, 문화훈장 수여식에서 수학자 오카 기요시가 한 말이다. 이 말은 생명의 의미를 잘 표현한 말로, 오카는 다변수 복소 해석학의 새로운 경지를 개척해 세계적으로 인정받았다.

그는 1930~40년대에 '다변수 복소 해석학'의 중요 미해결 문제를 투명하게 해결했다. 고고한 연구자였던 오카 기요시에게 수학은 그야말로 생명의 근원에 다가가기 위한 표식이었다.

 "수학의 목표는 진실 안의 조화이며 예술의 목표는 아름다움 안의 조화다."

　　－오카 기요시, 「봄날 저녁의 열 가지 이야기」

그는 수학도 예술도 깊은 곳에서 조화를 찾는 것이 목표라고 말한다. 그 과정에서 우리는 자신의 마음에 있는 등불만을 의지해 어둠속을 헤매야 한다. 그리고 결국 도착한 그 조화의 정원에는 누구도 보지 못했던 풍경이 펼쳐진다.

그다음 그는 자신 안의 생명의 근원이 자신을 둘러싼 세계 전체로 이어져 있는 것에 눈을 돌린다. 1949년 나라여자대학교 교수로 취임해 여성교육에 관심을 쏟게 된 그는 국가의 장래를 무척 걱정했다. 그는 "국가가 가진 문제의 본질은 교육에 있다."는 발언을 쏟아냈다.

사랑의 정서가 크지 않으면 수학도 알 수 없다

그는 현대를 사는 우리의 마음을 울리는 훌륭한 말을 많이 남겼다. 그의 수학적 정리 및 증명과 마찬가지로 엄밀한 고찰과 논증에 바탕을 둔 그의 말은 읽는 사람의 마음을 감동시킨다. "수학은 논리적인 학문이지만 그 논리의 근저에 있는 것은 '정서'이며, 사람의 중심은 정서이기 때문에 그것이 크지 않으면 수학도 알 수 없다."고 반복해서 말한다.

이 말에는 수학과 인간을 관찰해온 그의 생각이 응축되어 있다.

푸엥카레, 아인슈타인과 함께 한 거인의 활보

오카는 프랑스 유학을 계기로 '다변수 복소 해석학'이라는 연구 주제를 선택했다. 몹시 어려운 난제이니 연구할 가치가 있다고 생각한 것까지는 좋았지만 그 후 몇 년이나 이 문제의 본질을 파악하지 못했다.

나는 1932년에 귀국해 4년간 그것에 대해서 여러 방면으로 생각해봤지만 어떻게 손을 대야 할지 몰랐다. 자연히 연구 발표도 전혀 하지 않게 되고 강의에도 성실히 임하지 않아 학교에서 내 평판은 점점 나빠졌다. 한번은 학생에게 수업을 보이콧 당한 적도 있다. 그럼에도 나는 힘을 분산할 마음이 생기지 않았다.

– 오카 기요시, 『오카 기요시–일본의 마음』

1932년, 히로시마 문이과 대학 조교수가 된 오카는 1935년에 '상공이행의 원리'를 발표했지만 1938년 37세가 되었을 때 교직을 그만두고 돌연 고향인 와카야마 현으로 돌아갔다.

그는 놀랍게도 실업자가 되어 생활고에 시달리면서도 49세까지 수학연구에 몰두했다. 그의 이름을 널리 떨친 '부정역 아이디얼'의 이론은 이런 가난한 생활 가운데 탄생했다.

평생 동안 10편의 논문을 남겼는데, 당시의 상황을 감안한다 해도 이상할 정도로 그 수가 적다. 그럼에도 이 논문들 대부분은 주옥같은 내용으로 이루어져 있다. 외국의 수학자에게 "오카는 개인이 아니라 수학자 집단의 이름이지 않은가?"라는 말을 들을 정도로 큰 업적을 남겼다. 지겔(Carl Ludwig Siegel), 베유(Andre Weil), 카르탕(Henri Cartan)과 같은 쟁쟁한 수학자가 그를 만나기 위해 찾아오기까지 했다.

오카 기요시는 모든 것을 그의 수학에 담아 52세까지 자신의 연구 주제였던 난제를 모두 해결했다.

그의 '부정역 아이디얼' 이론은 오늘날 수학의 주요개념 중 하나인 층 이론으로 이어진다. 이는 엄청난 수학의 길을 개척한 것이라고 할 수 있다.

빛조차 없었던 암흑의 다변수 복소 해석학의 세계에 홀로 도전해 빛을 비춘 오카 기요시. 그 빛이야말로 자신이 생명의 연소라는 뜻이다. 그가 활약한 20세기 전반에는 세계적으로 이와 같은 흐름이 있었다. 바로 '지식의 거인이 세계를 열었다.'라는 흐름이다. 수학에는 푸앵카레, 물리학에는 아인슈타인이 있듯이 그 역시 그 거인의 활보에 함께 한 인물이다.

마지막으로 교육에 대해 남다른 관심을 보였던 그의 말을 소개한다.

……학교를 세운다면 양지보다도 좋은 풍경을 중시하는 배려가 필요하다. 그러나 무엇보다 소중한 것은 생각하는 사람의 마음일 것이다. 국가가 먼저 아이에게 '교육받을 의무'를 떠맡긴다면 '작용이 있으면 같은 강도의 반작용이 있다.'라는 역학의 법칙에 따라 자연히 부모, 형제, 조부모 등과 같은 보호자가 가르치는 사람의 마음을 감시하는 자치권이 발생하지 않을까? 적어도 주권재민이라고 목소리 높여 말하는 이상 법률은 이를 명문화해야 한다.

지금의 교육은 개인의 행복을 목표로 삼고 있다. 인생의 목적을 정해놓고 그걸 하라고 말하면 도의(道義)라는 중요한 덕목은 가르치지 않고 게으름을 피우는 것과 마찬가지다. 이는 매우 쉬운 길이다. 지금 교육이 그렇다. 이 이외에는 개에게 가르치듯 주인에게 미움받지 않을 행위와 먹기 위한 기술을 알려주는 것뿐이다. 그러나 개인의 행복은 결국 동물적인 만족에 지나지 않는다. 태어나서 60일 된 아이는 이미 '보는 눈'과 '보이는 눈'을 갖게 되지만 이 '보는 눈'의 주인공은 본능이다. 그렇게 사람은 능숙하게 본능을 착각한다. 그 때문에 이 나라에서는 예부터 많은 사람이 구전으로 이를 경계해왔다. 우리는 이 나라에 찾아온 새로운 사람에게 묻고 싶다. "당신은 이 나라의 국민 한 사람 한 사람이 사라지지 않아 고민하는 이 본능에 기본적 인권을 주어야 한다고 생각합니까?"라고. 나는 지금의 교육을 걱정하지 않을 수 없다.

— 오카 기요시, 「봄날 저녁의 열 가지 이야기」

우연함 속에서 발견하는
수학의 즐거움

'피타고라스의 정리'를 찾고 음률까지 생각한 피타고라스는 "만물의 근원은 자연수다."라고 말했다. 이는 자주 접하는 것들에 차례로 수가 관련되어 있다는 사실을 발견한 피타고라스였기에 할 수 있었던 말이다.

우주에는 수의 조화라는 아름다운 화음이 퍼지고 있다. 그러나 예언자와 같은 피타고라스에게도 우연한 만남으로 발견한 것이 있다. 모든 것이 필연이었다면 수학은 정말로 재미없는 세계였을 것이다.

그렇다. 우연한 만남이 있기에 흥미롭다. 이 세상에 태어났을 때부터 우연한 만남이 시작되었으며 그 만남을 통해 사람은 크고 당당하게 자란다.

그러나 수는 아무리 시간이 흘러도 커지지 않는다. '1'은 영원히 '1'로 남는다. 이렇듯 수는 시간으로부터 독립해 있다. 내가 보기에 수는 시간을 초월한 듯하다.

그렇지만 신기하게도 수끼리의 관계 안에 존재하는 또 다른 수의 모습을 발견하게 된다. 인간 사회가 많은 사람으로 구성되어 있듯이 수의 세계도 각 수의 관계로 성립되는 것을 알 수 있다.

어쩌면 인간이 보는 것은 큰 세계일지도 모른다. 우리와 관계없이 수의 세계는 늘 거기에 존재하므로. 그렇지만 그런 수의 세계를 묵묵히 바라보기만 할 수는 없다.

지구상에는 수많은 생명이 있듯이 수의 세계에도 아직 모르는 것이 많이 있다. 신종 생물의 발견에 기쁨을 감출 수 없듯이 신종 수의 발견에도 놀라게 된다.

우리와 수의 만남은 우연이라고 생각한다.

이 책에 등장한 자연수, 유리수, 무리수, 허수, 황금비, 백은비, 원주율, 네이피어 수, 그레이엄 수 모두 우리 인간이 발견한 수다. 시간의 흐름에 몸을 맡기는 우리에게 수와의 만남은 긴 시간에 걸쳐 겨우 찾아낸 결과다.

계산여행의 종착역에 서서 만난 수인 것이다. 다음에 그 수를 출발역으로 또 다른 새로운 여행이 시작된다. 그 반복으로 수에서 수로의 레일이 깔려간다.

수학이라는 이름의 미스터리 열차 여행은 지금도 계속된다. 바로 앞의 도착역은 보이지만 그것이 어디로 이어질지는 아무도 알 수 없다. 우리가 그 여행을 계속하는 한 반드시 새로운 만남이 기다린다.

그때 다시 여러분과 여행을 반복하게 되기를 기대하고 있겠다.

참고 문헌

『기호논리입문(記号論理入門)』, 前原昭二 저, 日本評論社

『수학영어 워크북(数学英語ワークブック)』, マーシャ・ベンスッサン 공저, 丸善

『수학판 이것을 영어로 말할 수 있나?(数学版 これを英語で言えますか?)』, 保江邦夫 저, 講談社

『수학명언집(数学名言集)』, ヴィルチェンコ 편, 大竹出版

『사람에게 가르쳐주고 싶은 수학(人に教えたくなる数学)』, 根上生也 저, ソフトバンククリエイティブ

『수학 세미나 필즈상 이야기(数学セミナー フィールズ賞物語)』, 日本評論社

『만물의 척도를 찾아서(万物の尺度を求めて)』, ケン オールダー 원저, 早川書房

『아인슈타인의 세계(アインシュタインの世界)』, L・インフェルト 저, 講談社

『설월화의 수학(雪月化の数学)』, 桜井進 저, 祥伝社黄金文庫

『가우스가 연 길(ガウスが切り開いた道)』, シモン・G・ギンディキン 저, シュプリンガー・フェアラーク東京

『초복소수 입문-다원환으로의 접근(超複素数入門-多元環へのアプローチ)』, 浅野洋 감역, 森北出版

『집합·입상·측도(集合·位相·測度)』, 志賀浩二 저, 朝倉書店

『무한의 천재-요절 수학자 라마누잔(無限の天才-若死数学者ラマヌヅヤソ)』, ロバート カニーゲル 저, 工作舎

『오카 기요시-일본의 마음(岡潔-日本のこころ)』, 岡潔 저, 日本図書センター

『봄날 밤의 열 가지 이야기(春宵十話)』, 岡潔 저, 毎日新聞社

『A SOURCE BOOK IN MATHEMATICS』, David Eugene Smith 저, Dover Publications